国家天文台科普丛书

U0605046

观天者说

STORIES ABOUT THE UNIVERSE
FROM STARGAZERS

石硕　严俊　主编

科学普及出版社
·北　京·

图书在版编目（CIP）数据

观天者说 / 石硕，严俊主编 . —北京：科学普及
出版社 , 2019.1（2019.7 重印）
（国家天文台科普丛书）
ISBN 978-7-110-09798-4

Ⅰ.①观… Ⅱ.①石… ②严… Ⅲ.①天文学—普
及读物 Ⅳ.① P1-49

中国版本图书馆 CIP 数据核字 (2018) 第 063406 号

策划编辑	郑洪炜
责任编辑	李 洁 史朋飞
封面设计	中文天地
内文设计	中文天地
责任校对	杨京华
责任印制	马宇晨

出　　版	科学普及出版社
发　　行	中国科学技术出版社有限公司发行部
地　　址	北京市海淀区中关村南大街16号
邮　　编	100081
发行电话	010-62173865
传　　真	010-62173081
网　　址	http://www.cspbooks.com.cn

开　　本	710mm×1000mm　1/16
字　　数	250千字
印　　张	18.25
版　　次	2019年1月第1版
印　　次	2019年7月第2次印刷
印　　刷	北京盛通印刷股份有限公司
书　　号	ISBN 978-7-110-09798-4 / P·207
定　　价	68.00元

《观天者说》编委会

石 硕　严 俊　万昊宜　苟利军　毛淑德

欣闻国家天文台石硕博士和严俊研究员共同主编了天文科普图书《观天者说》，汇集了国家天文台一线科研人员近期撰写的天文科普文章。我也高兴地看到，作者中除了我非常熟悉的欧阳自远院士和汪景琇院士，还有一批优秀的中青年天文学家积极地参与其中。天文科普事业后继有人，真是可喜！

　　这本科普图书除涉及了我们最熟悉的月球、太阳系，恒星与星系外，还包含了最前沿的平行宇宙、黑洞、暗物质、暗能量、引力波，以及天文观测设备等内容。

　　希望读者通过阅读这本书，能够对宇宙和星空多一些了解，少一些迷惑。希望本书在满足大家对天文的好奇的同时，能够成为一个引领读者喜爱科学、走上科学道路的机遇。

　　是为序。

2019 年 1 月

人类对宇宙星空的好奇与敬畏与生俱来，天文一直是公众感兴趣的领域之一，尤其是 2016 年 9 月"中国天眼"FAST（500 米口径球面射电望远镜）落成启用以来，国内再次掀起了一轮天文热潮。现将本书主编石硕接受《科学通报》采访的文章在此刊出，代为编者按。

对话石硕：天文科普助力创新发展

在中国共产党第十九次全国人民代表大会上，习近平总书记指出："十八大以来的五年，创新驱动发展战略大力实施，创新型国家建设成果丰硕，天宫、蛟龙、天眼、悟空、墨子、大飞机等重大科技成果相继问世。"这里的"天眼"，指的就是位于贵州的由中国科学院国家天文台建设并运行的世界最大单口径射电望远镜。"天眼"的落成为贵州以"天眼"为龙头的天文科普旅游带来"井喷"式发展，科技创新、科学普及、经济社会发展形成良性互动、相互促进的局面。习近平总书记在 2016 年的"科技三会"上指出："科技创新、科学普及是实现创新发展的两翼，要把科学普及放在与科技创新同等重要的位置。"科学普及如何服务于创新发展？作为国家科研机构，如何发挥资源优势和智力优势做好科普工作？带着这些问题，《科学通报》采访了中国科学院国家天文台石硕博士。

《科学通报》：习近平总书记在党的十九大报告中专门提到了"天眼"，也就是由中国科学院国家天文台建设并运行的世界最大单口径射电望远镜。请您为我们介绍一下有关情况。

石硕：习近平总书记在十九大报告中提到的"天眼"，全称是500米口径球面射电望远镜，英文简称 FAST，是目前世界上最大单口径、最高灵敏度的射电望远镜，由国家天文台负责建设并运行。FAST 位于贵州省黔南州平塘县克度镇大窝凼，从选址、预研到建成历时22年，其中工程建设历时5年半，2016年9月25日落成启用。在落成启用仪式上，刘延东副总理宣读了习近平总书记的贺信，在信中首次把 FAST 誉为"中国天眼"。在习近平总书记2017年的新年贺辞中，再次提到"'中国天眼'落成启用"。这次的十九大报告，已经是习总书记第三次专门讲到 FAST，充分体现了习总书记和党中央对国家重大科技基础设施建设和科技创新的高度重视，这既是对国家天文台广大职工的热情鼓励和巨大鼓舞，更是对国家天文台进一步做好科技创新工作的有力鞭策。

FAST 是我国具有自主知识产权的大科学装置，500米球冠状主动反射面外形就像一口巨大的锅，接收面积相当于30个标准足球场。FAST 之所以能够突破射电望远镜工程极限做到口径500米，主要基于选址方法、索网主动反射面、柔性索结合并联机器人的馈源支撑实现望远镜高精度跟踪三项自主创新，其建设也促进了众多相关高科技领域的技术进步，推动了重大天文观测装置最先进尖端技术的发展，为我国在科学前沿实现重大原创性突破创造了重要条件。FAST 落成启用一年以来，调试进展超过预期及大型同类设备的国际惯例，并已开始有了科学产出。

FAST 这口锅"煮沸"了平塘甚至整个贵州省的科普旅游，显著带动了地方经济社会发展。FAST 项目落户贵州的决定做出之后，当地政府积极参与到项目工程和配套服务项目的建设中来，围绕"中国天眼"建成了观景台、观光栈道、十二星座雕塑等科普旅游基础设施，平塘县围绕打造"天文科普教育基地、国际天文文化体验区、国际天文旅游小镇"等目标，用 3 年时间建成了集天文体验馆、天文时光塔、时光钟摆、时光刻度等天文科普元素于一体的国际天文科普旅游文化园，旨在向公众传播天文科学知识，弘扬科学思想。同时，当地经济社会实现了跨越发展，仅 2017 年前三季度，共接待游客 1006.1 万人次，旅游总收入 81 亿元。可以说，通过建设、宣传，以及衍生出来的科普旅游、科普活动，FAST 在营造社会关注科学、热爱科学的氛围以及增强民族科技自信心和自豪感等方面，发挥了重要且显著的作用。

《科学通报》：在各类学科当中，公众对天文学显得尤为感兴趣，这是不是与天文这一学科特点有关？国家天文台开展了哪些科普工作？

石硕：天文学是一门老百姓关心甚深的学科。甚至在开始记录历史之前，人类就已经对天空产生了浓厚的兴趣。在古代，寒来暑往中，春耕夏耘秋收冬藏在何时？指导人们生活的二十四节气分别在哪一天？什么时候发生了怎样的特殊天象？在近现代，月球上有什么？如何登陆月球、飞向火星？暗物质、暗能量是什么？怎样"看见"黑洞？如何"捕获"引力波？甚至大到在宇宙中我们是谁？我们在哪里？生命是如何起源的？这些问题都与天文学息息相关。

卡尔·萨根曾说，科学激发了人们探求未知的好奇心，但伪科学也有同样的作用。天文也曾被披上迷信的外衣，如占星术，它试图通过天体相对位置和运动来预测个人命运，但是这没有任何科学依据，属于伪科学的范畴。另外，那些科学普及供给不足或科普资源匮乏的地方，也容易被伪科学和迷信占领。

破除迷信、传播科学知识、弘扬科学精神，这些仿佛刻在了天文学和天文学家的基因密码中。国家天文台在做好科学研究的同时，一直非常重视科学普及工作，充分发挥国家科研机构的智力和资源优势，通过定期举办科普讲座、开展各种科普活动和特殊天象观测活动，定期向公众开放科研场所等，及时有效地向社会传播普及天文知识，提高公众的科学素养。

最可贵的是，国家天文台有着一批以院士为带头人的科学家科普队伍，如王绶琯院士、欧阳自远院士、汪景琇院士、武向平院士等，他们在一线的科普活动中担任着中国科普事业积极的推动者和践行者的角色。早在20世纪80年代，王绶琯院士就开始从事科普教育工作。1999年，他联合钱学森、宋健、周光召、王大衍等61位院士、专家联名倡议成立了"大手拉小手"科研实践项目，旨在引导青少年走上通往科学殿堂的道路。在王绶琯院士的号召下，在十几年的时间里，1000多位科学家担任了学员导师，已有近百名学生活跃在国内外科学世界的舞台。2016年，武向平院士担任中国科协科普委员会副主任，在国家层面参与指导全国科普顶层设计，他一直在呼吁"科学家应在科普中具有使命感和责任心，有所担当和作为"，并一直身体力行，活跃在科普一线。

天文学是一门基于观测的学科，国内大型天文骨干观测设备几乎都集中在中国科学院。2004年，国家天文台牵头与紫金山天文台、上海天文台等院内外10多家单位创立了中国科学院天文科普联盟，积极推进天文科普资源共建共享，组织、协调联盟成员单位积极参与2008年和2009年日全食观测活动，"天涯共此时"等全国性、全院性重大科普活动，大力开展了点面结合、形式多样、特色突出、公众喜闻乐见的天文科普活动和探究性科学教育活动。

2006年，国家天文台在时任党委书记刘晓群研究员的领导下，创办了《中国国家天文》杂志。在新形式下，该杂志不断突破传统媒体的业务局限，着力打造"纸媒+新媒+活动+增值服务"的全媒体平台，相继组织开展了"国家天文"大讲堂、"天文与人文的对话""嫦娥奔月"、台湾中学生天文与航天体验营、热点天文事件线上讲座、特殊天象观测大型直播等常态化、品牌化的科普文化和科普教育活动。近年来，还策划举办了"家乡的星星""美丽星空"评选活动，日全食、流星雨等天文摄影大赛以及"'天籁之声'天文音乐跨界大派对"等卓有影响的以天文＋文化为特色的科普活动，影响面超过千万人次。

《科学通报》：青少年是社会发展的未来，国家创新实力的提升与培养青少年学科学、爱科学的社会氛围息息相关。在这方面，国家天文台做了哪些工作？

石硕：是的，就像习近平总书记在十九大报告中指出的：青年兴则国家兴，青年强则国家强。青年一代有理想、有本领、有担当，国家就有前途，民族就有希望。中华民族伟大复兴的中国梦终将在一代代青年的接力奋斗中变为现实。任何一个群体，尤其是青少年群体，如果科学素质成为短板，则会成为国家创新驱动发展的短板，成为实现中国梦的障碍。

所以，让孩子们热爱科学、崇尚科学，有更多的人愿意投身科学，实现科学研究和科技创新的接力和传承，首先要营造崇尚科学的社会氛围，这需要社会各界，包括科研院所、媒体机构的正确引导。

国家科研机构在承担科学研究任务的同时，还应该承担传播科学思想、弘扬科学精神、增强全社会科技自信的职责。这一点在国家天文台领导层面达成了高度共识，台长严俊研究员、党委书记赵刚研究员亲力亲为，很多重要的科研成果发布、科普活动等都亲自参与。同时，我们及时将科研进展和科研成果通过媒体进行传播，引导社会关注科学、关注科学背后的科学家和科学精神，FAST 的宣传就是一个成功案例。在中国科学院科学传播局的指导和帮助下，媒体一直在持续关注和集中报道

FAST的重要进展，这个大国重器在社会公众当中引起极大关注，其实就是在引导公众，包括青少年去关注科学。同时，榜样的力量是无穷的，2017年9月，FAST工程首席科学家、总工程师南仁东先生不幸逝世，引发了社会各界的沉痛哀悼及深切缅怀。他22年专注于FAST，勇敢地提出要做世界最大、世界第一的目标，实现了中国射电天文从"追赶"到"领跑"的跨越，他胸怀祖国、服务人民的爱国情怀，敢为人先、坚毅执着的科学精神感动了无数人。我相信科学家的这种精神会成为社会中无形却有力的向心力，科学传播不仅要让公众感受到科学的魅力，还要让公众被科学家的人格魅力感染，这也是引领青少年走入科学之门的一种无形的力量。

对科研院所来说，应该将科研及科普资源进一步整合，加大对青少年的开放力度，让他们深切感受到科学就在身边，科学家就在身边。以国家天文台为例，我们拥有全国较高比例的天文学科研资源和天文观测设备，在河北兴隆，北京密云、怀柔，天津武青，云南凤凰山、丽江高美谷、澄江抚仙湖，新疆南山、奇台、喀什、乌拉斯台、红柳峡，西藏阿里、羊八井，内蒙古明安图，长春净月潭，贵州平塘等地建有天文观测基地或台站，在北京沙河观测站旧址还建有科普教育基地，我国天文领域两个国家大科学工程——郭守敬望远镜和FAST——均由国家天文台建设和运行。在不影响科研观测的前提下，上述观测基地和台站，几乎都有定期向公众开放和不定期接待中小学生科学教育课预约的机制。根据每年特殊天象的发生情况，开展针对青少年天文爱好者的天文观测和科普活动也是工作计划的一部分。国家天文台由于观测台站和基地科普工作的突出成绩，被中国科协评为"全国科普教育基地"，被科技部、中国科学院联合评为"国家科研科普基地"，FAST基地被国家旅游局评为"中国十大科技旅游基地"，国家天文台牵头的中科院天文科普联盟被科技部、中宣部、中国科协评为"全国科普工作先进集体"。未来，我们将进一步与不同的行业进行资源融合，加大观测基地和实验室对公众的开放力度，为青少年提供更好的研学项目。

科学传播的作用不仅体现在青少年科学兴趣的培养上，我们开展的两岸青少年和内地与港澳青少年的天文科普交流活动，对加强和推进民族认同感也具有很好的效果。近十年来，国家天文台与港澳台地区的诸多机构建立了长期、稳定、良好的科普交流合作关系，结合特殊天象、重大天文事件等多次组织互访交流活动，并建立了"同一片星空"科普交流平台。通过两岸科普活动促进两岸共建、共享科普教育资源，使更多的青少年有兴趣参与活动，共同感受天文与航天的魅力。

《科学通报》：近几年，《星际穿越》《火星救援》等电影，以及人类"看见"黑洞，"捕获"引力波等天文新发现、新进展不断刷爆公众热点，您怎么看待这些话题带来的全民关注现象？

石硕：近些年，随着我国经济水平的整体提升及科普工作的深入，我国公众的科学素养水平已经得到一定的提高，从过去只是仰望星空，关注流星雨、陨石等基础话题，扩展到更为广泛、需要具备一定科学知识的射电观测、引力波探测等前沿话题。可以说，公众对科学问题求知的深度和广度有了很大的改变，对探求未知的需求越来越大。每次天文与空间科学取得最新成果和进展，每次科学传播的内容和形式创新，都能紧扣社会及公众的脉动，一次次刷爆热点。

这些现象也促使我们更进一步思考科学传播工作，目前公众获取科学知识，尤其是获取前沿科学成果的途径仍然很不充分且不平衡，公众求知的"饥渴"状态或许会长期存在。如何缓解或者解决这个问题？可以从以下几个方面入手。

首先，国家层面的引导。据了解，目前科技部的国家重点研发计划，国家自然科学基金、中科院天文大科学研究中心支持的科研项目，在政策上都有明确的要求，需要将项目执行情况、获取的科技成果向公众进行传播和普及。这种做法应该得到更广泛的推广，使科普工作成为科学研究工作中一个很自然的环节。

其次，社会和科研院所应该鼓励更多的科研工作者参与到科学传播和普及工作中来。我相信，站在公众面前的科学家，每多一位，大家对他背后的学科知识就多了解一些。以天文学为例，"嫦娥探月""火星探测"、空间碎片监测预警、"看见"黑洞、"捕获"引力波、宇宙第一缕曙光、天籁等项目，能被公众了解和熟悉，离不开各科学团队中活跃在科普一线的科学家的努力。武向平院士多次呼吁，在社会对科学的需求面前，科学家群体不能再沉默，科普不仅是科学家的义务，也是科学家的荣耀和责任。同时，国家天文台还有一支热心科普的中青年骨干科学家队伍，如姜晓军、陈学雷、刘继峰、苟利军、郑永春、崔辰州等研究员，都非常受公众欢迎，他们以有趣的方式表达和传播科学、传递科学精神，挖掘科研过程中有意思的经历，讲述科学家的故事，这些都使公众感受到了科学有意思，科学家有魅力。

最后，科学传播的方式方法需要与时俱进。要学习和使用新工具、新方法，创新科普形式，这个要求在任何时候都不过时。《星际穿越》等影片刷爆全球，有一个很重要的原因在于，星际、黑洞、N维宇宙、穿越等前沿科学知识以从未有过的可视化形态清晰、形象地展现在大家眼前，复杂的理论一下子变得简单了。科学知识、尤其是前沿科学成果，如何被加工成为一盘"色香味"俱佳的好菜，成为大众喜闻乐见的科普内容，还需要科学家、科普工作者不断地尝试。

近几年，国家天文台尝试着将一些晦涩难懂的前沿天文知识以科普短片的形式展示给公众，陆续推出了《黑洞》《天上阿里暗夜奇境》《FAST中国天眼》《去火星别着急降落》《引力波》等科普微视频，多部获评科技部组织的全国优秀科普视频作品，并在各大比赛中斩获殊荣。

其中，苟利军研究员主创的《黑洞》获得了2017年"科蕾杯"一等奖，这也是我国科教影视的最高奖项。

在大数据时代，国家天文台还推出了天文大数据下的虚拟天文台，推出了面向全国的"宇宙漫游制作大赛"，面向教育系统的"基于真实科学大数据的教学"项目，以及面向全民的科普活动"超新星搜寻项目"，并由此有了全球年龄最小的超新星发现者。

随着科技的发展，科学传播方法的变更速度是飞快的。在这个方面，我们也在不断学习探索。如美国国家航空航天局（NASA），他们非常重视公众的态度和需求，为每个探测项目建立科普网站、成立科普团队、邀请公众参与科普活动，这些都值得我们学习和借鉴。我相信，在当今这个公众对科学充满渴求的时代，科学传播工作将大有可为。

《科学通报》：随着我国科技实力的发展和提升，越来越多的科学家参与或准备参与到科学普及的工作中来，科普工作者如何更好地发挥科学家与公众之间的纽带作用？

石硕：当今社会，科技越来越多地呈现出了跨学科态势。同时，由于普通公众对很多科技知识的认知存在一定的困难，对于新技术如果科普不及时、不准确，可能会阻碍先进技术的应用和社会的发展。

随着我国科技的发展和国家对科普工作的重视，越来越多的科技工作者愿意参与到科普工作中来。但是如何开展"有效"的科普，有一个过程很重要，即学术性语言"转换"为公众能接受和理解的生活性语言的过程。在这个过程中，有时科学家表达得不通俗，有时媒体的诠释有错误，这都会对科普的有效性产生影响。

研究人员如何与媒体和公众沟通，如何将掌握的知识变成大众的知识，如何将学术型语言"转换"为生活性语言，很多时候需要得到科学家的专业支持和"纽带"的有效传递，这也是当今科普工作的重要一环。

中国科学院非常重视科学传播工作，为了更好地、充分地发挥纽带作用，2013 年专门成立了科学传播局，全面统筹和指导全院的科学传播工作。

科学技术发展到今天，已经不再是科技团体的封闭行为，必须建立新型的科学与公众的关系。作为科普工作的纽带，科普部门的同志一方面要与科学家交朋友，做好科学知识传播的推手，通过传统媒体、新媒体、图书、音频、视频等多种渠道和形式，把科研成果和最新动态及时地向社会大众传递，并让科学家在这个过程中体会到科普的乐趣和成就，从而形成一个良性循环；另一方面，在与媒体和公众接触、磨合的过程中，科研人员也要尽可能换位思考，了解媒体、了解公众。在科学、媒体及公众碰撞的过程中，帮助科学家以恰当的形式包装优质的科学内容，进行高效的传播，这也需要科普工作者永无止境地探索和实践。

当下，科学普及已经被明确放在和科技创新同等重要的位置，让创新和科普两翼齐飞，是当下时代的召唤，是强国的命题。我们已经进入了"两个一百年"奋斗目标的历史交汇期，在全面建设社会主义现代化国家的伟大征程中，科学普及的路还很长，科普工作者任重道远，希望更多的科学家加入进来，勇担传播科学知识和科学方法、弘扬科学精神、营造科学文化的使命，助力创新发展，为实现中华民族伟大复兴的中国梦不懈奋斗。

原文发表于《科学通报》4201-4204（2017）第 62 卷第 36 期。

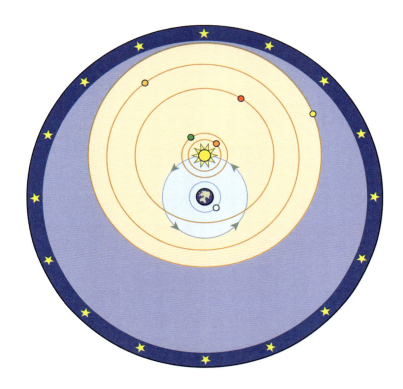

"四方上下曰宇，往古来今曰宙"。

天文学是人类认识宇宙，观测和研究各种天体和天体系统的位置、运动、分布、结构、物理状态、化学组成及起源演化规律的一门自然科学。

01
宇宙之美

姜晓军

天文学是人类认识宇宙，观测和研究各种天体和天体系统的位置、运动、分布、结构、物理状态、化学组成及起源演化规律的一门自然科学。

▲图1 国家天文台兴隆观测站的星空（陈颖为/摄）

宇 宙

大多数人认为宇宙就是无边无际的空间，但实际上宇宙并不仅是空间上的概念。我国古籍中对"宇宙"给出了在今天看来依然正确的定义，即"四方上下曰宇，往古来今曰宙"。"宇"是无边无际的空间，"宙"是有始无终的时间，"宇宙"即空间和时间。随着物理学的发展，在大约 100 年前，人类发现空间、时间、物质和能量之间有着密不可分的关系。那么准确地定义宇宙，应该是空间、时间、物质和能量的总和。

宇宙是约 138 亿年前大爆炸的产物，到现在，宇宙的尺度已经在百亿光年 ① 的量级了。宇宙很大，我们从近到远可以将宇宙分为五个层次：地月系、太阳系、银河系、星系团和可观测宇宙，这五个层次描述了整个宇宙。地月系是离我们最近的一个系统，我们对它比较熟悉，下面我们就从太阳系开始，从不同层次的视角来看看宇宙是什么样的。

太阳系

太阳系核心的天体是太阳，它的半径是地球的 109 倍，体积为地球的 130 万倍，距离地球 1.5 亿千米。1.5 亿千米的距离意味着光以 30 万千米 / 秒的速度要跑 500 秒，所以我们现在所看到的太阳是它 500 秒之前的样子。天文学家通过

---

① 光年：距离单位。光以 30 万千米 / 秒的速度跑 1 年所经过的距离是 1 光年。

研究太阳光谱，可以确定太阳大气的化学成分：按质量计，太阳大气约包含 70% 的氢，28% 的氦和 2% 的重元素。

　　太阳的有效温度约为 6000 开尔文，辐射峰值在 550 纳米左右，所以太阳呈黄绿色。太阳上还有很多活动区，最常见的就是太阳黑子。在不同波段看到的太阳是不一样的，通常肉眼看到的是太阳的光球层。图 2 显示的是太阳的色球层。色球层在光球层外，光度很低，只有光球层的 1‰ 左右，平时是淹没在光球的光辉里的。色球上最显著的特征是日珥。

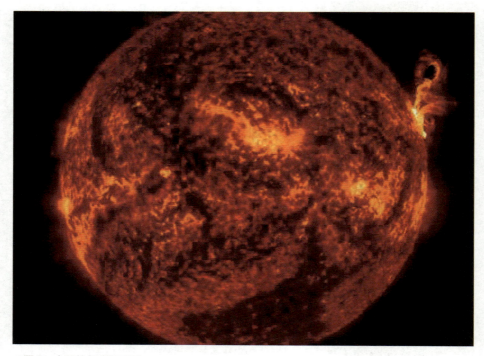

▲图 2　太阳的色球和日珥
来源：美国国家航空航天局（NASA）官网，https://www.nasa.gov/sites/default/files/styles/image_card_4x3_ratio/public/thumbnails/image/20150302_304promir.ence.jpeg

太阳

　　太阳占了整个太阳系质量的 99.87%，它辐射出的能量只有二十二亿分之一到达了地球，但却孕育了地球上生机勃勃的世界。除太阳外，太阳系还包含行星、矮行星、小行星、卫星、彗星、流星体以及弥漫的行星际物质，这些占了太阳系总质量的 0.13%。其中，行星是人们最为熟知的天体。太阳系中有八颗行星，按距离太阳由近到远的顺序依次是：水星、金星、地球、火星、木星、土星、天王星和海王星（图 3）。

▲图 3　太阳和八大行星
来源：NASA，https://photojournal.jpl.nasa.gov/jpegMod/PIA10231_modest.jpg

水星

水星（图 4）是距离太阳最近的行星，其自转周期为 58.65 天（地球日），绕日公转一周为 87.97 天（地球日）。它没有大气的保护，白天，当太阳照射时，温度迅速升高，可达到 350℃，夜晚温度快速降低，可低至 −170℃左右，昼夜温差达到 500℃左右。由于没有大气保护，其表面存在很多小天体撞击形成的环形山。

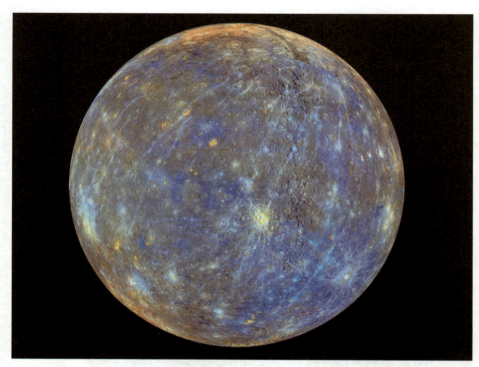

▲图 4　水星
来源：NASA，https://www.nasa.gov/multimedia/imagegallery/image_feature_2455.html

金星

金星（图 5）非常亮，是除太阳和月亮之外，地球上看到的最亮的天体，亮度可达 -4.4 等。由于金星的轨道在地球内侧，金星永远出现在太阳附近，所以人们只能在黄昏的西方和黎明的东方看到金星。古人将出现在黄昏的金星称为长庚星，出现在黎明的称为启明星。

金星的大小与地球相似，有浓密的大气，表面的大气压约为地球的92 倍。金星大气中二氧化碳含量很高，超过 97%，还有近 3% 的氮和很少的水蒸气、一氧化碳。二氧化碳可造成强烈的温室效应，白天接收到的太阳辐射的能量即使到夜晚也无法释放出去，使金星表面温度无论

▲图 5　金星
来源：NASA，https://apod.nasa.gov/apod/image/0509/venus180hem_magellan_big.jpg

白天还是黑夜都高达 480℃ 左右。这种大气成分和高温都使金星并不适合生命存在。金星是太阳系中唯一自东向西自转的行星。

地球

地球（图 6）上充满了生机，是人类的美好家园。

地球有一颗自然卫星，那就是月球，月球上有环形山、高地、月海。月球的公转周期和自转周期相同，称为同步自转，所以我们在地球上永远只能看到月球的同一面。

▲图6　地球
来源：NASA，https://www.nasa.gov/sites/default/files/thumbnails/image/187_1003703_africa_dxm.png

火星

　　火星（图7）的半径为 3397 千米，约为 0.53 个地球半径，由此可以推算出火星的体积大约是地球体积的 1/7。火星到太阳的距离比地球稍远，自转周期为 1.03 天，与地球相似，其黄道面与赤道面的夹角为 24 度，所以火星和地球一样，也有分明的四季和不同气候带。此外，火星也有大气。

　　图 7 显示的火星地貌很像地球上荒凉的沙漠。当人类第一次有能力摆脱地球引力的束缚去探索深空的时候，火星就被选为探索目标。直到今天，探索火星上的生命仍然是探索火星的任务之一。

　　从火星再向外就进入巨行星的世界了。水星、金星、地

▲图 7　火星

来源：NASA，https://mars.nasa.gov/system/resources/detail_files/6453_mars-globe-valles-marineris-enhanced-full2.jpg

球和火星都主要是由岩石构成的，被称为类地行星。木星、土星、天王星和海王星是由液态的氢和氦构成的，体积很大，我们称之为类木行星或巨行星。

木星

木星（图8）的体积是地球的1400倍，质量约为1.9×10^{27}千克，为地球质量的318倍，是太阳系八颗行星中体积最大、自转最快的行星。从目前来看，木星至少有68颗卫星，其中4颗比较大，虽然肉眼不能直接看到，但用很简单的望远镜就可以看到。

▼图8 木星
来源：NASA，https://apod.nasa.gov/apod/image/1505/Jup2015_03_10rgb09Peach.jpg

土星

土星（图9）的体积和质量仅次于木星，体积是地球的745倍，质量为地球的95倍。其最大的特点是有漂亮的光环。土星是太阳系大行星中平均密度最低的行星，仅为700千克/米³，比水的密度还低。也就是说，如果有足够大的水盆，把土星放进去，它就会漂浮在水面。土星也有很多卫星，其中最亮的一颗是土卫六，并且土卫六也有大气。

▲图9 土星
来源：NASA，https://www.jpl.nasa.gov/images/cassini/20160408/PIA11141-16.jpg

天王星

天王星（图10）仅靠肉眼是看不到的，它是1781年英

▲图 10　天王星
来源：NASA，https://www.jpl.nasa.gov/spaceimages/images/largesize/
PIA18182_hires.jpg

国的一位音乐教师、天文爱好者，后来成为伟大的天文学家的威廉·赫歇耳用自制望远镜发现的。1977 年 3 月 10 日，人们利用掩星首次发现了天王星有光环。1986 年 1 月，"旅行者 2 号"又证实了天王星至少有 10 个光环。环的总宽度约为 7000 千米，环间间隙很大，环本身很窄，最宽处 80～90 千米，窄处只有 20 千米，是由石头、尘埃颗粒和冰块组成的。

海王星

海王星（图 11）是太阳系八大行星中距离太阳最远的行星，于 1846 年 9 月 23 日被发现，是唯一利用天体力学理论预测发现的行星。它的亮度仅为 8 等左右，只有在天文望远镜里才能看到它。海王星上有个大黑斑，已经存在了很长时间，被认为是海王星表面的巨大风暴。

太阳系中除太阳和八颗行星外，还有很多天体。如主要分布在火星和木星轨道之间的小行星；还有彗星，大概每隔十几年就会出现一颗肉眼可见的大彗星。此外还有流星体，当它们进入地球大气时会发光发热，成为流星，当很多流星体同时出现的时候，就形成了流星雨。

◀图 11 海王星
来 源：NASA，https://www.
nasa.gov/sites/default/files/
thumbnails/imageneptune_
full.jpg

银河系

从地球上看，银河是图 12 中的样子。银河是天空中的一
个环带，在人马座附近最亮、最宽，它的中心线近似为天球上
的一个大圆。

我们抬头仰望宇宙，包括太阳、月亮和五颗大行星（金
星、木星、水星、火星、土星）在内的所有天体都是银河系内
的天体，只有一个例外，后面将会揭晓。人们根据星星的排
列，把它们想象成不同的形状来加以命名。

▲图 12　银河系广角图
图片原名为 Milky Way at the Residencia
来源：Y. Beletsky（LCO）/ES，https://www.eso.org/public/images/uhd_9180_panorama-fd/

　　不同民族、不同国家都有自己关于星空的故事和传说。我国古代天文学家把星空分为三垣、四象、二十八星宿。三垣是紫微垣、太微垣、天市垣。四象在中国传统文化中指青龙、白虎、朱雀、玄武，分别代表东、西、南、北四个方向，四象分布于黄道和白道近旁，环天一周，每象各分七段，称为"宿"，共二十八宿。

　　西方国家也有自己的星座体系，目前国际通用的星座体系主要是从希腊神话衍生出来的，共有 88 个星座。如图 13 所示的猎户座。

◀图 13　猎户座
左图原名为 Orion on Film
左图来源：Matthew Spinelli，https://apod.nasa.gov/apod/ap030207.html
右图来源：维基百科，https://upload.wikimedia.org/wikipedia/commons/4/45/Orion_constellation_Hevelius.jpg
（左右两图的东、西方向是相反的）

▼图 14 左　昴星团，图 14 右　球状星团 M13
左图原名为The Pleiades Star Cluster，右图原名为 M13: The Great Globular Cluster in Hercules
左图来源：David Malin (AAO)，ROE,UKS Telescope，https://apod.nasa.gov/apod/ap021201.html
右图来源：Marco Burali, Tiziano Capecchi, Marco Mancini (Osservatorio MTM)，https://apod.nasa.gov/apod/ap100527.html

　　银河系中有许多恒星聚集在一起组成星团。图 14 左展示的昴星团是一个疏散星团，由几百颗星聚集在一起。此外还有由几万、十几万甚至上百万颗星组成的球状星团，图 14 右所示为在北半球能够看到的最亮的球状星团 M13，位于武仙座，距离我们约 1 万光年。

　　银河系中还有各种各样美丽的星云，它们有的是恒星形成

区，即恒星诞生的摇篮，如猎户座大星云（图 15 左）；有的是恒星爆炸后留下的遗迹，即恒星的坟墓，如蟹状星云（图 15 右）。还有一类星云，它们本是不发光的，但由于恰好投影在一个亮的背景上，使我们能够看到它。这种星云叫暗星云。图 16 所示为猎户座中的一个暗星云——马头星云。

▲图 15 左　猎户座大星云，图 15 右　蟹状星云
左图原名为 Great Orion Nebulae，右图原名为 M1: The Crab Nebula from Hubble
左图来源：Tony Hallas，https://apod.nasa.gov/apod/ap081023.html
右图来源：NASA, ESA, J. Hester, A. Loll (ASU)，https://apod.nasa.gov/apod/ap080217.html；致谢：Davide De Martin (Skyfactory)

▶图 16　马头星云
图片原名为 The Magnificent Horsehead Nebula
来源：Data: Giuseppe Carmine Iaffaldano；图片处理：Roberto Colombari,https://apod.nasa.gov/apod/ap150513.html

　　银河系是典型的旋涡星系，与图 17 中展示的仙女星系长相相似。仙女星系又称仙女座大星云，位于秋天的一个星座——仙女座之中。它就是前面提到的，我们不借助望远镜，仅用肉眼唯一能看到的银河系外天体。仙女星系约比银河系大 2 倍，银河系中有 1500 亿 ~ 3000 亿颗恒星，而仙女星系中有超过 3000 亿颗恒星。旋涡星系的中心很亮，有大量恒星聚集。一般旋涡星系的中心都存在一个超大质量黑洞。

▼图 17　仙女星系
图片原名为 M31: The Andromeda Galaxy
来源：Lorenzo Comolli, https://apod.nasa.gov/apod/ap130626.html

星系团

　　比星系更高一层的天体系统是星系团。星系有成团分布的趋势。图 18 显示的是室女座天区的星系团，图中所有非点状的天体都是星系，约有几百个星系聚集在一起。

▲图 18　室女座天区星系团
图片原名为 Virgo Cluster Galaxies
来源：Rogelio Bernal Andreo,https://apod.nasa.gov/apod/ap110422.html

可观测宇宙

　　图 19 所展示的哈勃超级深场图，是哈勃空间望远镜对准地球上肉眼看是全黑区域的方向，2003 年 9 月 24 日至 2004 年 1 月 16 日进行累计曝光约 11 天拍摄的结果。图中的天体很暗，都是极为遥远的星系，我们

◀图 19　哈勃深场图
图片原名为 The Hubble
Ultra Deep Field
来源：S. Beckwith & the HU-
DF Working Group (ST-
ScI), HST, ESA, NASA,
https://apod.nasa.gov/apod/
ap040309.html

现在看到的是它们百亿年前发出的光，也就是看到了它们百亿年前的样子，相当于我们进行了一次时空穿越。

根据宇宙学中的各向同性原理，通过对这个天区进行计数就可以知道整个宇宙中的星系数量。于是，科学家得出结论：宇宙中像银河系这样的星系有千亿个。同时我们也知道，星系里有千亿颗恒星。如此，我们不得不感叹，宇宙是如此浩瀚。

这就是我们通过科学的方法和手段得到的对宇宙的基本认识。宇宙浩瀚、神秘而美丽，仍然有无穷无尽的未知等待我们去探索。

作者：姜晓军，国家天文台研究员，国家天文台兴隆观测基地主任。主要从事恒星物理和天文技术研究。

▲银河拱桥下的郭守敬望远镜
来源:《中国国家天文》供图（孙媛媛 / 摄）

"我觉得现在星系里的恒星太多了，是时候关掉一些了。"

"不不不，恒星应该自然地生长。让我们从宇宙50亿年的时候再来一次，也许是配方不对……"

图片来源：NASA.https://map.gsfc.nasa.gov/media/060915/060915_CMB_Timeline 600nt.jpg

02
计算机中的宇宙

王　乔

"我觉得现在星系里的恒星太多了，是时候关掉一些了。"

"不不不，恒星应该自然地生长。让我们从宇宙 50 亿年的时候再来一次，也许是配方不对……"

宇宙中的星系

　　我们生活在广袤宇宙的一隅，如果宇宙是片海洋，那么星系就是一座座岛屿。据估计，宇宙中有上千亿个星系（如果包含比较小的星系，最近的观测发现可能有上万亿个星系），而一个星系中又有上千亿颗恒星，由此看来，太阳只是银河系中的一颗普通恒星。当凝视一张星系的图片时，我们往往会被星系的美丽结构吸引。那么，比星系更大的尺度上是否也存在结构呢？如果有，这些结构的形成又有怎样的历史呢？

　　一个世纪前，人类还不清楚自己所在的银河系的大小，而现代的大型天文望远镜可以把我们的目光带到宇宙的深处。图 1 所示有点像医学检查用的 CT 片，它来自斯隆数字巡天（SDSS）项目，其中的每个点代表一个星系。星系的分布之所以是两个扇面形状，是由于只观测到了这些区域，并不是扇形之外的区域没有星系存在。作为观测者，我们处于图片的中心，越远离中心的位置离我们也就越远。在宇宙学中常用红移（redshift，一般记为 z）来标记时间，红移越大，时间就越早，今天宇宙的红移为 0。图 1 中的

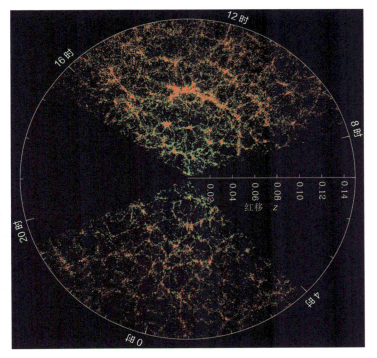

▲图 1　斯隆数字巡天观测到的星系分布
来源：M. Blanton and the Sloan Digital Sky Survey，http://classic.sdss.org/includes/sideimages/sdss_pie2.html

红移覆盖到 0.15，这意味着本图看到了宇宙大约 19 亿年前发出的光。相比之下，银河系中心的光到达我们眼睛大约需要 3 万年，而火星到地球的距离平均只有 12 个光分。

图 1 中星系的分布显然是有结构的，总体来说像一张大网。在有些地方聚集了大量的星系，有些地方则是星系的"空

洞"，在星系高度聚集区，星系之间有很多丝状的结构。如何来理解宇宙在星系尺度之上的复杂结构呢？经典的理论分析能够在"线性"近似的层面上给出很多解释。所谓线性即等比例改变初始条件，就会得到等比例改变的结果。然而，宇宙结构的形成是一个非线性的过程，而非线性的系统则不会遵守这样的规则，初始微小的差别会造成结果巨大的不同。因此，即使把理论计算改进得很复杂，依然难以达到目前所需要的水平。由此，计算机数值模拟就成了一个帮助我们理解宇宙不可或缺的工具。但是要开展数值模拟，我们首先要提供宇宙的初始条件和动力学演化方程。

宇宙的初始条件：炽热的童年

　　宇宙结构的初始条件是什么样的？注意，我们讨论的是宇宙结构的开始，而不是宇宙本身的开始。这必须要回到宇宙诞生的早期去。根据暴胀理论，宇宙在经历过极早期的急速暴胀之后开始进入热大爆炸阶段，这时的宇宙已经被撑成一个极端平直的空间，同时其尺度也远大于我们能够观测的宇宙视界的大小，接着物质开始在宇宙中形成。由于那时的宇宙能量极高，整个宇宙中的物质处于高温状态，物质之间频繁地相互作用。打个比方，宇宙就像煮开的一锅粥，所以不难理解宇宙的结构在初始时是非常均匀的。也就是说，那时宇宙中很难有结构，即使产生了结构也会被"煮化了"。

　　关于这一点，宇宙微波背景辐射的观测提供了非常大的支持，宇宙微波背景辐射温度来自宇宙诞生之后 37 万年左右（红移大约在 1100），它在各个方向上都极度均匀，从而得出：宇宙在大尺度上是均匀且各向是同性的，也就是说，宇宙中没有特殊的位置。当然自然界中不存在完美的平滑。宇宙的不均匀性在不同尺度上也是不一样的，尺度越小，不均匀的涨

落程度越大。而对这个均匀背景的微小的偏离就能提炼出大量
宇宙早期的信息（图2）。

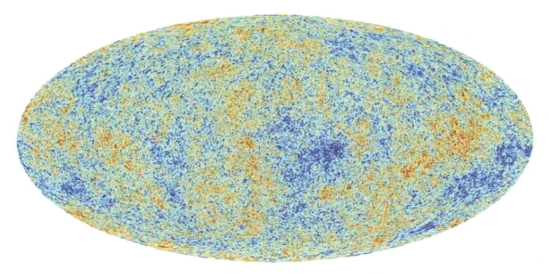

▲图2　普朗克（Planck）卫星测量的宇宙微波背景辐射温度涨落的全天图景（地图投影透视）
红色代表温度高于平均值，蓝色代表温度低于平均值。为了图片醒目，配色被夸张处理了。实际上，这些温度涨落的差别通常只偏离平均值十万万分之一左右
来源：NASA，https://map.gsfc.nasa.gov/media/121238/ilc_9yr_moll4096BW.png

　　由于宇宙在不断膨胀，物质能量密度也就越来越稀疏，最终炽热的原初火球逐渐冷却，宇宙也进入了黑暗时期（Dark Ages）。伴随气体的凝聚，恒星和星系开始形成，宇宙再次被电离。没有了中性氢的阻挡，光子自由地在宇宙空间穿梭，经过130亿年的时间，宇宙便演化成了今天的模样（图3）。

　　宇宙早期残留下的这些高高低低的密度涨落，就是未来宇宙大尺度物质结构的种子。也是宇宙学数值模拟的入口，通常我们就是从大爆炸之后的1000万～2000万年（红移约为100）开始模拟的，那时宇宙的大小只有现在的1%左右。

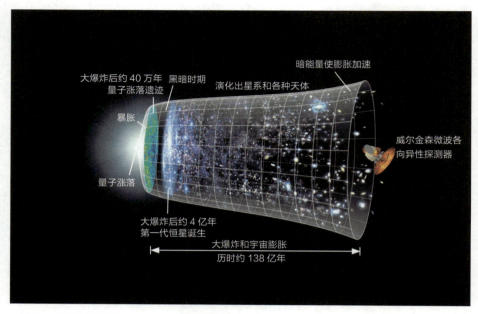

▲图3　宇宙演化的历史

左侧代表宇宙的起点，向右是时间流逝的方向。大爆炸火球的余晖之后，恒星和星系点亮宇宙之前，宇宙进入黑暗时期。人们发现宇宙目前正处于加速膨胀的状态，这说明可能存在标准理论之外的能量组分——暗能量

来源：NASA, https://map.gsfc.nasa.gov/media/060915/060915_CMB_Timeline600nt.jpg

宇宙结构的增长

　　明确了宇宙结构的种子，我们还需要了解控制结构演化行为的第二个因素——动力学。世界上有四种力，强相互作用和弱相互作用都是短程力，所以能在大尺度上起作用的只有电磁力和引力。通常电磁力要比引力强很多倍，但是宇宙不存在显著的净电荷或净电流，所以电磁力在结构演化中也不重要，那么担当宇宙结构演化主角的必然是引力。

　　按照广义相对论所述，引力在本质上是时空的弯曲，对于宇宙来说，时空的弯曲可以理解成整体和局部两个部分。整体部分就是宇宙空间整体

上在膨胀，这是由宇宙的全部物质能量共同决定的。具体地说，宇宙的物质能量包含暗能量、暗物质、重子物质和辐射四类。暗能量使得宇宙加速膨胀，我们虽然还不知道暗能量的本质，但在主流模型的合理假设下，它是无法形成明显结构的。

辐射指类似光子或中微子的以接近光速运动的能量物质。它们的速度太快，不会被束缚在局部引力场中，所以辐射也不会形成明显的结构。那么时空局部的弯曲实际上就决定于暗物质和重子的分布。

原则上时空的弯曲需要依据广义相对论来计算，但是面对如此大规模的数值和如此复杂的相对论，现代计算机是力所不能及的。幸运的是，万有引力是广义相对论的弱场近似，而牛顿力学在太阳系内的应用已经非常准确，因此，同样可以把它应用到比太阳系更加稀薄的宇宙空间（也就是更弱的引力场）中。

宇宙密度的演化有两个互相竞争的过程：①宇宙膨胀带来的"减速"。想象一个不开推进器的飞船朝向目标前进，由于目标被宇宙膨胀拉得越来越远，所以相对于这个参考点来说飞船的速度是"变慢了"。②物质间的引力。飞船会被物质密度高的地方（高于宇宙背景）吸引，反之即被物质密度低于宇宙背景的地方排斥。

所以宇宙中的结构会在初始结构种子的基础上，在引力的作用下，高密度的地方变得更加密集，低密度的地方变得更为稀疏（类似于人口流动：有吸引力的地方变得更密集，而荒芜的地方变得更荒芜），所以宇宙结构的演化是一个不断"增长"的过程。

计算机中的宇宙

根据以上分析，我们就可以开始模拟一个宇宙了。

由于光速的限制，我们所观测到的永远是这个宇宙（即便你相信多重宇宙的存在）中的一部分，而且很可能是其中很小的一部分。所以我们可以取一个方盒子，其中盛入一部分宇宙。这个盒子必须足够大［几百兆秒差距（Mpc）以上，1Mpc ≈ 326 万光年］，这样才能代表宇宙的整体。如果盒子中的物质流出去怎么办？只要周期性地把流出的部分从盒子的另一边流回来，就能保证总的质量守恒。

但是有一个问题，我们选取的这个盒子里的结构并不会碰巧与我们周围的宇宙一致（这个问题是内在的，原因在于初始条件信息的不完备）。即便如此，这样的模拟依然是有意义的，因为宇宙学原理告诉我们，在不同的地方宇宙的统计性质是一样的。也就是说，我们虽然造不出一模一样的银河系和太阳，但是我们不难在盒子里找到一些相似的对应物。

我们只要模拟物质就够了（因为暗能量和辐射都是不能形成结构的），为了描述物质的分布，通常有两种方法，一种是把模拟的盒子分成网格，以网格计算能量、密度、速度场等信息，演化遵守宇宙学框架下的流体力学；另一种方法是把宇宙全部的质量分成一些粒子，每个粒子遵守膨胀空间的万有引力，也就是宇宙学 N 体模拟。后一种方法使用更为普遍。这是因为我们关心的尺度通常从上千万光年到几千光年甚至更小，而计算的分辨率是按照最小的尺度来决定的（动态范围太大），而粒子位置的精度是很容易达到这个范围的（单精度的计算也能覆盖 100 万倍的动态范围），同时，粒子数的守恒保证了总质量的守恒，这也是个很大的优势。

下面就来看一下数值模拟中结构形成的历史。图 4 最上边是宇宙年龄 14 亿岁的时候（$z = 4.0$，也就是今天宇宙尺度的 1/5 时），而最下边的是宇宙今天的样子，也就是年龄 138 亿岁左右（$z = 0$）。从这 6 个时间切片可以看出，宇宙初始密度稍微高的地方开始不断聚集，空旷的区域也更加明显。在密度最大的地方，物质形成了星系团这样巨大的结构（Mpc 尺度），这个结构中物质的动能和引力势能平衡，密集程度不再明显。但是它作为一个大势井，外部的物质还会不断地落入、并合。

接下来我们讨论一下丝状结构，这个结构在星系的观测（图 1）和模拟中（图 4）都是存在的。首先想象一个均匀对称的球体，在自引力的作用下发生坍缩，坍缩的速度在各个方向自然也是

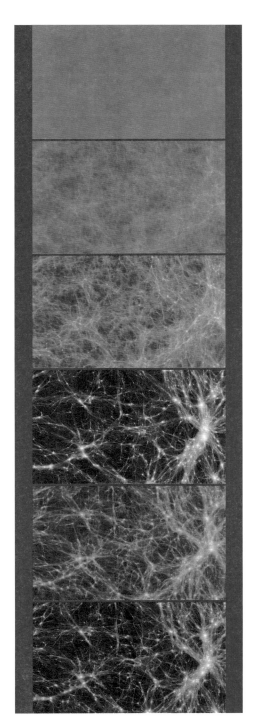

◀图 4 从上到下是宇宙演化的过程中同一块区域在不同时间的密度演化
图中的亮度对比反映了物质密度的分布

对称的，所以最终形成的结构大致也是球对称的。现在考虑一个棒状系统的坍缩，因为加速度是按照距离平方减小的，所以在棒的长轴方向的加速度大大弱于短轴，结果自然是短轴方向坍缩更快，而长轴方向坍缩较慢。宇宙结构的种子大致是一个高斯随机场，这意味着存在各种可能的结构，早先类似棒状的系统在今天看来就像是一条条的丝线。因此宇宙结构的图景就像一张巨大的网络，在丝线连接的节点上有大星系团。

计算的困境与突破

N 体模拟的原理非常简单，就是计算粒子对之间的引力，但是这在计算上的消耗是非常大的。最简单而又准确的方法就是累加所有粒子对之间的引力，然后根据这一时刻的力去更新粒子速度，进而用当前的速度去更新粒子的位置，在新的位置上重新计算新的力，如此循环往复。但利用这种直接法去计算的复杂度是粒子数的平方 O（N^2），也就是计算 100 个粒子需要计算 10000 对，而计算 10000 个粒子则需要 1 亿对。所以随着粒子数目增加，很快就会耗尽计算机的资源。20 世纪 70 年代，以皮布尔斯（Peebles）为代表的研究者就是用这样的方法进行了第一个宇宙学意义上的模拟，当时的粒子数只有 1500 个。

随着计算机硬件的发展，CPU 的运算能力越来越强，相同时间内计算的粒子数目也相应地增加。即便如此，在 20 世纪 80 年代之前，使用直接计算引力对的方式模拟所能使用的总粒子数依然没有超过 10000 个。真正使宇宙学模拟的粒子数得以提高的，是算法的改进。到了 20 世纪 80 年代，引入了粒子网格（particle-mesh）近似计算方法，粒子数目上升到了万级。

但是这一方法对于粒子高度成团的时候是无效的，这时计算引力的树（tree）方法和自适应网格加密（adaptive mesh refinement）的方法可以使粒子数目进一步增加。到了 21 世纪，CPU 主频停止增长，硬件提升的红利也消失了。既然单个核心无法提升，人们转而开始大规模地使用并行的技术。同时结合了各种加速算法，2005 年，模拟粒子的数目已经突破百亿。

除了对软件进行改进，硬件的加速也被引入数值模拟当中。如牧野等开发了用于计算引力对的专用芯片 Grape。最近，异构计算平台的使用异军突起，同时在 GPU 和众核芯片上也达到了非常好的性能，取得了重要的进展。目前在世界最大的一批超级计算机（中国的天河 2，美国的泰坦、BG/Q，日本的京）上都运行了超大规模的宇宙学模拟。2014 年之后，最大的数值模拟规模已经使用了超过万亿的粒子。如果绘制一条模拟数目的历史增长趋势图，其速度是超过摩尔定律的。

高分辨率的局域再模拟

即使如此高的分辨率也只能给出宇宙总体的结构，我们感兴趣的很多物理现象依然被淹没在了数值的噪声中。在无法增加粒子数目的情况下，局域再模拟（re-simulation）的技术帮助我们大大地拓展了数值分辨率的极限。

通过对某些感兴趣的星系团进行再模拟，分辨率就能够大幅地增加，我们可以清楚地看到图 5 左上子图中原本淹没在数值分辨率下面的子结构（sub-structure），在右下的更高分辨能力的模拟中清晰地浮现了出来。很多人可能会怀疑数值模拟的结果是否真的可信。对于一些特殊的系统，数值解的正确性确实有一些分析的方法，但对于高精度的数值模拟来说，类似的分析是很难的。实际上，对相同的初始条件进行多个级别的再模拟，就是一种数值收敛实验。低精度模拟与更高精度模拟相互符合的部分就是数值收敛，通常也是可以相信的部分。有些再模拟最高的分辨率甚至能够达到地球的质量，这为研究有关暗物质及其相关的性质打开了窗口。

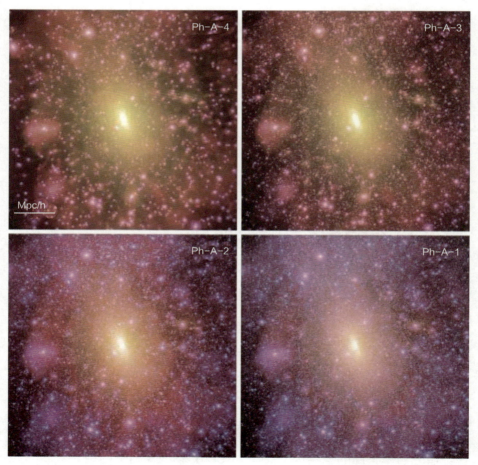

▲图 5　宇宙大尺度结构模拟图
来源：Gao et al.2012，MNRAS，425，2169

看不见的主角：暗物质

前面我们并没有仔细区分宇宙物质能量组分中的暗物质和重子物质，只是统称为物质。我们并不知道暗物质的本质是什么，只知道它通常不产生、不吸收、不反射光子，也就是说它不和光发生什么关系，所以叫暗物质。相对于暗物质，我们把更为熟知的恒星、地球、人类、灰尘、空气等物质统称为重子物质。根据最新的普朗克卫星测量结果，现在人们知道：所有的重子物质约占全部宇宙组分的 4.9%，而暗物质约占 26.8%，剩下的是暗能量，约占 68.3%（误差大约为百分之几）。

既然暗物质几乎不和其他物质发生作用（collisionless），我们是如何知道它的存在的呢？是引力。对于恒星和星系，它们运行的速度不是很快，很容易陷在暗物质的势井中无法逃脱，而光的前进路径也会发生偏折，造成所谓的引力透镜。

引力势场决定于物质的分布，同时，物质的分布是引力系统演化出来的结果。这两者相互依赖，使不同性质的暗物质经过上百亿年的演化形成不同的宇宙结构。如运动得更快更"热"的粒子，更不容易被束缚，结果产生的结构就会更少。通过对比运行不同暗物质模型的模拟发现，如果暗物质过"热"，那将会在定量上背离我们的观测数据。所以今天的标准宇宙学模型普遍认同宇宙中存在一种冷暗物质（cold dark matter）组分。这样的结论很难只从定性的角度分析得到，所以可以认为这是数值模拟的一大贡献。

基于这套冷暗物质宇宙学框架，数值模拟能够以非常高的精度给出星系团、重子声波振荡、引力透镜等观测手段的预言，同时可以加入大量理论上难以计算的效应估计系统误差，指导未来的观测巡天等，真正架起了从理论到精确观测的桥梁。

点亮宇宙：流体数值模拟

前面的介绍主要侧重于 N 体，N 体模拟对于无碰撞的暗物质是非常有效的，但是我们实际观测到的星系，其分布和暗物质的分布之间存在着紧密的联系。打个比方，这就像我们可以通过地球夜晚灯光的分布来了解人口聚集程度一样。星系就是点亮宇宙的灯火，我们的数值模拟同样也需要加入星系。

星系形成的物理原理很复杂，其中一个最为重要的因素可能就是气体的冷却和反馈机制之间的平衡。使星系明亮的是其中的恒星。前面我们讲到，宇宙在开始时是"一锅粥"，恒星和星系都是随着宇宙结构的增长而逐渐出现的。恒星是正在进行核燃烧的气体球，其密度是非常高的，宇宙原初的气体从原初极端均匀的状态坍缩成致密的气体云，进而在其中孕育恒星。但随着气体变得更加致密，引力势井也更深，气体的势能转化成热，热能将撑住引力，阻止其进一步坍缩形成恒星。但是重子物质（气体）不同于暗物质，它能够冷却，也就意味着可以进一步坍缩。在模拟中，通常以不同类型的粒子来代表气体和暗物质。随着恒星的形成，还要加入代表恒星的粒子。

恒星也并不是静止不变的。它们有自己的生命周期，有星风，有超新星爆发。这会把恒星粒子的质量再次交还给气体组分，同时改变气体的温度、密度、压强等，进而改变了下一代恒星的形成。也就是所谓的"反馈（feedback）机制"。除了恒星，活动星系的中心核区（AGN）也可能提供反馈。这些反馈的影响甚至可以超出星系本身，最终剧烈地改变宇宙中的星系以及星系中恒星的状态。

　　所以宇宙中气体的状态不仅是复杂的，还是相互依赖、前后有序的。此外，宇宙中的星系并不是独立演化的，星系和星系之间还会并合（merge），用理论的方法去处理并合时的细节是非常困难的，而在模拟中就很自然。这一点是高度非线性的，几乎无法从理论上计算出并合的细节。近年来，宇宙学流体成功地模拟重现了星系形态、内在结构和恒星质量函数等重要的物理量。

展望未来

　　如果宇宙是一片海洋，星系就是一座座岛屿，而宇宙数值模拟就像一个水族馆。在其中，我们不能指望发现一种我们没有放入的物种，但是我们可以学习到已知物种行为的细节和它们之间的相互影响。天文学是无法进行孤立重复实验的，而宇宙数值模拟可以让研究者掌握它的全部信息，因此在研究工作中成为理论和观测之外的重要一极。

　　现在的数值模拟虽然取得了很大的成功，但其中还有很多细节值得商榷。未来是宇宙学气体数值模拟的大发展期，这不仅反映在计算量上（分辨力的提高），还在于气体演化的物理机制。从第一原理到恒星形成、星系形成之间还存在着一条鸿沟，这既是一个巨大的挑战，也是推动宇宙学和星系形成数值模拟发展的动力。

［转载自《赛先生》公众号（newsicence），略作修改］

作者：王乔，国家天文台副研究员。主要研究兴趣有计算天体物理、宇宙大尺度结构形成、星系动力学。

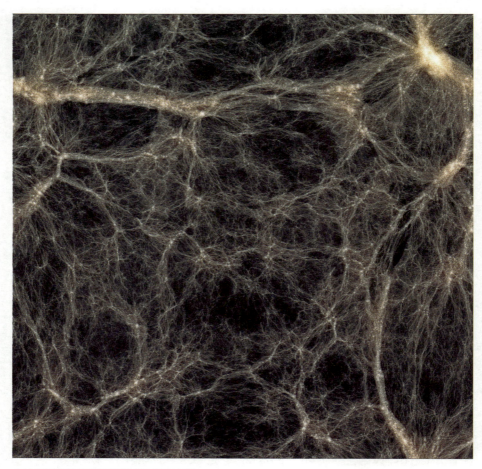

▲计算机模拟的暗物质组成的宇宙之网

来源：NASA，https://www.nas.nasa.gov/SC14/backgrounder_tessyier_astrophysics.html

平行宇宙的概念竟然来自严肃的科学理论——量子力学。20 世纪 20 年代，为了解释原子物理实验中观测到的微观现象，玻尔、海森堡、薛定谔、狄拉克、玻恩等物理学家建立了量子力学理论。这一理论超越了传统的经典力学理论，成为现代物理学的基石。

03
量子力学中的平行宇宙

陈学雷

　　在许多科幻电影或小说中，都会出现平行宇宙。电影或小说的主人公能够穿梭在不同的宇宙之间，故事开始时，每个宇宙都非常相似，但此后的发展却各不相同。在有些宇宙中，主人公会遭受失败甚至丧生，然而在另一些宇宙中却获得了成功。甚至由于某种神奇的、无法解释的机制，主人公可以从一个宇宙穿梭到另一个宇宙。那么，这些平行宇宙究竟是纯粹的幻想，还是具有一定的科学依据呢？

　　出人意料的是，平行宇宙的概念竟然来自严肃的科学理论——量子力学。20 世纪 20 年代，为了解释原子物理实验中观测到的微观现象，玻尔、海森堡、薛定谔、狄拉克、玻恩等物理学家建立了量子力学理论。这一理论超越了传统的经典力学理论，成为现代物理学的基石。

　　虽然量子力学的数学形式理论早已确立，但其中的许多概念与我们日常生活中的直觉存在很大差别，所以人们始终难以完全理解和接受。直到现在，仍有各种不同的诠释。其中一种影响很大且具有较大争议的解释，是由埃弗雷特（Hugh Everett）提出的多世界诠释（Many World Interpretation）。

量子力学诠释中的疑难问题

想要了解什么是多世界诠释，埃弗雷特为什么要提出这种诠释，我们需要先来看看量子力学中一些令人感到困惑的问题。

量子力学中的测不准原理告诉我们，即使已经获得了某一系统初始状态最完备的信息，并且知道它将如何演化，我们仍然无法完全准确地预测每个量子测量实验的结果，而只能给出概率性的预言。

比如，已知一个电子的自旋状态为沿着 z 轴方向 +1/2，这便给出了该电子自旋态的完全描述，沿着 $z-$ 轴的测量我们可以得到确定的结果，但是，如果我们现在沿着垂直于 z 轴的 $x-$ 轴进行测量，则不能得到确定的结果，只能预测可能出现的结果是 +1/2 或 −1/2，且两种可能性各占 50%。又如，我们可以给出一个原子核的波函数，但无法准确地预测它将何时衰变，只能给出它在不同时刻衰变的概率。那么要如何理解这种概率性的结果呢？不同的量子力学诠释给出了不同的回答。

首先，爱因斯坦等人怀疑，量子力学并非最后的、完备的理论，爱因斯坦曾说："上帝不会掷骰子。"也许，有某些我们还不知道的未知因素（隐变量）在影响着最后的结果，只是由于我们不知道这些因素而导致测量的结果为概率性结果。但是，越来越多的实验证实，在各种不同的物理体系中，都可以用量子力学的原理对其实验结果的概率分布进行准确的预言，很难想象，这些不同的体系中都隐藏着相同的、我们还不知道的隐变量刚好可以给出与量子力学一致的结果。更致命的是，贝尔（John S. Bell）导出了对于纠缠粒子自旋量子测量的贝尔不等式。他发现，在这种实验中，基于定域隐变量（符合狭义相对论和实在论）的经典理论无法给出与量子力学相同的结果，而此后进行的实验结果与量子力学完全一致，从而排除了定域隐变量理论的可能性。

虽然量子力学赢得了实验的胜利，但如何解释测量的不确定性，对量子力学仍是一个挑战。量子力学中系统的状态是由波函数描述的，而波函数随着时间的演化则由薛定谔方程决定，这种演化是决定论的，就此而言，它和经典力学似乎并无不同。既然如此，在实验中为什么总是存在不确定性呢？

对此，玻尔、海森堡等人基于哥本哈根理论进一步发展的诠释是最常见的并被认为是标准的诠释。根据这一诠释，量子力学的测量过程应是一个非常特殊的过程，对量子系统的测量瞬间改变了其状态，使波函数由多个可能状态的线性组合瞬间坍缩到观测量算符的一个本征态上，这就是所谓的波包坍缩。

哥本哈根诠释认为，这种波包坍缩不是由薛定谔方程主导的幺正演化，而是量子测量过程，即量子系统与遵守经典力学的测量仪器的相互作用导致的一种破坏幺正性的特殊演化，在这种演化中可以根据玻恩定则产生概率性的结果。这一诠释有许多令人感到困惑之处，例如，薛定谔猫佯谬、维格纳朋友佯谬和爱因斯坦—波多尔斯基—罗森（EPR）佯谬。

薛定谔猫佯谬： 当把波函数的概念应用于宏观物体时，似乎会导致一些令人难以理解的结果。例如，薛定谔设想把一只猫、可以杀死猫的毒气装置以及可以触发该装置的放射源放在一起，如果放射源中的原子发生衰变，则会触发毒气装置，猫就会被毒死，如果没有衰变猫则会活下来。在观测放射源之前，放射源处在衰变和未衰变的叠加态上，那么相应的，猫也处于"生"和"死"的线性叠加态上，只有当我们观测了放射源，确定了衰变是否发生之后，系统状态才会确定下来（波包坍缩了），猫的状态也才变成确定的"生"或"死"。但实际上人们看到的猫要么是活的，要么是死的，很难想象它处于"生"与"死"叠加的状态，如图所示。

◀薛定谔的猫
来源：维基百科，https://
upload.wikimedia.org/
wikipedia/commons/thumb/c/
c8/Schroedingers_cat_film.
svg/1280px−Schroedingers_
cat_film.svg.png

维格纳朋友佯谬：维格纳指出，待测的量子系统与观测者的划分并不是唯一的。在薛定谔猫佯谬中，我们可以将放射源看作待测量子系统，猫作为观测者，或将"放射源＋猫"看作待测量子系统，将负责照看实验的研究者看作观测者；或将"放射源＋猫＋研究者"看作待测量子系统，将自己看作观测者。在以上几种情况下，发生测量和相应的波包坍缩时刻各不相同。这表明，在哥本哈根诠释中，波函数不是实体，且其不仅与待测的系统有关，还与观测者有关。

EPR 佯谬：如果两个粒子因发生相互作用而形成相互关联的量子态，即所谓纠缠态，那么对其中一个粒子的测量不仅会导致该粒子的波包坍缩，而且会导致另一个粒子的波包瞬间坍缩，不论二者相距多远。乍一看，这似乎违反了相对论中信息传播速度不能超过光速的理论。但是，根据哥本哈根诠释，波函数并不是实体，也许应该被视为观测者对系统的描述，因此不能将这种波包坍缩理解为物理信号的传递。就实验而言，对两个相互远离的纠缠系统进行测量，最终比较总能得到一致的结果，但由于这种测量结果是随机且无法控制的，因此无法用这种测量结果传递信息。

在这些悖论中，哥本哈根诠释虽能自圆其说，但其付出的代价是，波函数不再是完全客观的存在，而变成了一种依赖于观测者而存在的东西。美国物理学家莫珉（David Mermin）曾这样形容这一古怪的诠释：在没有人看月亮时（量子测量进行之前），月亮并不存在！

此外，从理论完备性的角度看，哥本哈根诠释存在一个缺点，它需要预先假设由经典力学描述的物体（测量仪器或观测者）的存在，而不能完全从量子力学本身出发导出其所有的结果，这便导致其难以应用于量子宇宙学这类原则上没有"观测者"或经典力学物体的研究中。

量子力学的多世界诠释

正是由于哥本哈根诠释中存在这些问题和不足，埃弗雷特便提出了一种与哥本哈根诠释完全不同的量子力学诠释，即多世界诠释。

埃弗雷特是惠勒（J.A. Wheeler）在普林斯顿大学的学生。惠勒一直主张从物理理论（如量子力学的薛定谔方程）本身导出其诠释，而不附加人为的假设（如测量导致的波包坍缩）。1954 年，玻尔到普林斯顿大学演讲，演讲主题是量子力学，这引起了埃弗雷特的思考。他提出了一种新的量子力学诠释，主张不预先假定存在具有特殊意义（服从经典力学）的观测者或测量仪器，待测系统和仪器的整体状态可由一个普适波函数（universal wave function）描述，量子测量即待测系统和仪器之间的相互作用，由整个系统的薛定谔方程决定，这种相互作用导致二者形成了一种关联的（纠缠的）状态，埃弗雷特将这种关联状态称为相对态（relative state）。

在埃弗雷特诠释中，波函数是实体，没有哥本哈根诠释中的波包坍缩，一切演化都是由薛定谔方程决定的。在测量过程结束后，系统仍处在不同的线性叠加态上，当然也就没有波包坍缩了。那么，如何理解我们在一次实验中只能随机地看到某一个值的测量结果呢？

以薛定谔的猫实验为例，波函数可以分解为两项之和：粒子衰变猫死 + 粒子未衰变猫活。埃弗雷特主张，相互作用后这两项分裂为不同的分支（branch），在每个分支中，观测者都只能看到与自己的观测结果一致的世界，而无法看到不同测量结果的世界。也就是说，在一次量子相互作用后，宇宙就会分裂为不同的平行宇宙。在薛定谔的猫实验中，真正的波函数的确有活猫与死猫的叠加，只不过看到粒子衰变的观测者会看到死猫，看到粒子未衰变的观测者会看到活猫，而任何一个观测者都不会看到与自己的测量不一致的状态。

1956 年，惠勒访问哥本哈根期间，曾试图向玻尔等人解释埃弗雷特的新理论，但未获得成功。他不愿意与玻尔发生冲突，因此坚持要埃弗雷特将论文写得较为简洁和抽象，因此，这一理论最初并未引起人们的注意。埃弗雷特毕业后转做国防研究，几年后，他也访问了哥本哈根，并当面与玻尔进行了讨论，不过玻尔等人在量子力学上的立场早已固化，听不进埃弗雷特的话，并认为埃弗雷特不懂量子力学，因此未能进一步讨论。

实际上，惠勒的另一位弟子费曼（Richard Feynman）也曾有过类似的经历：他提出了量子力学的路径积分（path integral）形式。经典力学中粒子运动的路径是唯一的，它使作用量取极值。而费曼提出，在量子力学中，粒子的运动会通过无限多种不同的可能路径，每种路径都有相应的概率振幅，其相位由沿该路径的作用量给出。由于不同路径产生的作用量各不相同，导致概率振幅的相位因子快速变化，最后大部分路径上相邻路径对概率振幅的贡献几乎抵消。但在经典路径中，由于其作用量取极值，概率振幅相位变化不大，可以相干叠加在一起，从而得到较大的概率，因此系统就像按经典力学的规律运动，这一解释为描述从量子到经典的过渡提供了一种表述。但是，当费曼试图向玻尔解释这一想法时，玻尔一听就反驳说，在量子力学中没有"粒子路径"这种概念。

总之，在一段时间里，埃弗雷特的理论几乎无人了解。直到几年之后，惠勒学派的另一位学者，研究量子宇宙学理论的德维特（Bryce Seligman De Witt）认为多世界理论非常重要却默默无闻，感叹"这是世界上保守得最好的秘密"。他撰文介绍了埃弗雷特的论文，将该理论称为量子力学的多世界诠释，并编写了包括埃弗雷特论文在内的《量子力学多世界诠释》一书。渐渐地，多世界理论终于变得广为人知，最后成为许多科幻小说和电影的题材。

根据埃弗雷特的诠释，宇宙中无时无刻不在发生的各种相互作用都相当于量子测量，这使世界迅速分裂成难以想象的巨大数量的各种可能分支，每个分支中发生的情况各不相同。例如，在这一世界中，此刻笔者正在撰写此文，而在另一个可能的世界里，笔者并未撰写此文。在更多的其他可能的世界里，也许根本没有笔者这个人，甚至根本没有人类乃至地球。这听上去极为疯狂，但逻辑上是完全自洽的。

细心的读者也许会问，在经典力学的世界里，如果我们抛出一枚硬币，硬币落下后，有字的一面有一半的可能性是朝上，一半的可能性是朝下，那么世界是否就此分裂为两个平行的宇宙呢？

可以说，这两种情况是两种可能的宇宙。不过，在经典世界里分裂不会发生，因为经典力学世界是决定论的，概率仅表明我们无法预知哪种情况会发生——即使在经典力学世界里，由于我们不能精确地测量初始条件，不能精确地计算，或由于系统处在对初始条件极其敏感的混沌态，我们也会无法给出准确的预测。但理论上，其演化仍然是确定的。当我们抛出硬币时，宇宙总会选择其中一个可能性。然而，按照埃弗雷特的理论，在量子力学中却是每种可能都会被选上。

问题与讨论

不过，对于量子实验中的概率现象在多世界理论中如何解释，仍然存在疑问和争议——既然每种可能性都实现了，又何谈概率呢？这个概率来自我们究竟是众多可能世界中的哪一个，这是随机的。

通常，我们用量子力学可以计算在实验中各种结果发生的概率，这由波函数绝对值的平方给出，这就是所谓的玻恩规则。埃弗雷特试图从量子力学的数学形式本身导出或证明通常量子力学中作为基本假定的玻恩规则，也就是说，考虑重复的实验，其不同的实验结果在所有多世界中的分布。埃弗雷特发现，如果加上一些假设，可以得到玻恩规则。但德维特和他的学生厄尔·格雷厄姆（Neil Graham）对这一证明并不满意。他们给出了自己的证明，而之后也不断有人试图改进或提出新的证明，但这些证明一直存在争议，也有存疑之处。

多世界诠释现在已是量子力学的主流诠释之一。不过，很多人还是觉得这种诠释难以接受。在多世界诠释中，每次微小的相互作用都会产生数量巨大、相差无几的平行宇宙，这不免令人觉得古怪。

不过，埃弗雷特最初提出的一些观点后来得到了广泛的认同。例如，应该尽可能从量子力学数学形式自身导出其诠释，测量仪器和测量过程应该完全可以用量子力学描述而无须专门引入服从经典力学的测量仪器等。后来楚雷克（Zurek）等人发展的退相干（decoherence）理论通过系统与环境的相互作用解释了从量子态到经典态的转变，这便是利用量子力学的幺正演化部分地解释了波包坍缩。

20世纪80年代，盖尔曼（Gell-Mann）、哈特尔（Hartle）、格里菲恩（Griffith）、欧曼斯（Omnes）等人发展了相容历史（consistent history）诠释以描述量子测量过程。在欧曼斯看来，相容历史诠释已经汲取了埃弗雷特思想的精华，用退相干理论重新解释波包坍缩，这样就解决了哥本哈根诠释中原来存在的主要问题——薛定谔的猫问题，没有必要再把平行宇宙当作真实的存在。

另外，对于那些愿意接受多世界诠释的人来说，也存在如何理解所谓的"多个世界"的问题。在多世界诠释中，对应每个不同的测量结果都存在一个相应的分支。由于退相干，这些不同分支的因果演化几乎是独立的，也正是基于这一意义，这些分支被称为平行的世界或宇宙。

但如果有人要问，这些平行宇宙是否真的存在，那我要指出，"存在"一词本身就有很多不同的意义。比如，我们可以说柏拉图这个人是存在的，也可以说平方值等于2的数是存在的，但显然，这两种"存在"的意义并不相同。

如果我们自己在某一个宇宙中，平常所说的一切"存在"都是在这一宇宙中的存在。那么我们是否可以说多世界是"实际存在"的呢？这种"存在"的本体论意义是什么？物理学家选择把这样的问题留给哲学家去考虑。

［转载自《赛先生》公众号（newsicence），略作修改］

作者：陈学雷，国家天文台研究员、中国科学院大学岗位特聘教授、博士生导师。主要从事宇宙学和射电天文学研究。国家杰出青年科学基金获得者，入选国家百千万人才工程、国家有突出贡献中青年专家，享受国务院政府特殊津贴。

　　"坐地日行八万里，巡天遥看一千河。"我们身处其中的母亲星系——银河系如何从诞生走向死亡？天文学家如何突破"不识庐山真面目，只缘身在此山中"的局限？让我们同科学家一起在银河系的史诗中游历。

04
银河系编年史：一个星系的一生

刘 超

"坐地日行八万里，巡天遥看一千河。"我们身处其中的母亲星系——银河系如何从诞生走向死亡？天文学家如何突破"不识庐山真面目，只缘身在此山中"的局限？让我们同科学家一起在银河系的史诗中游历。

序 言

太阳系太小，宇宙太大。前者逐渐从天文学演变成了"地质学"和"生物学"，后者则把大部分的细节隐藏在了巨大阴影之后，横在中间的是拥有千亿恒星的银河系。因此，在星辰大海般的宇宙征程开始之前，人类先要彻底地了解银河系。

也许有朝一日，我们所掌握的银河系的知识会成为星际航行手册的第一章。但是对今天的天文学家而言，银河系现实的意义是作为一把解开整个宇宙演化秘密的钥匙。银河系的独特性在于，我们不仅很容易分辨出其中的恒星，还能够在三维空间上观察其结构。而其他河外星系，即便是用哈勃望远镜能分辨出其中的恒星，也仅是二维空间上的投影，很难分辨其三维结构。

此外，仅借助中等尺寸的望远镜，我们就可以测量银河系中数以千万计恒星的距离、运动和化学组成，这也是河外星系所望尘莫及的。理所当然，我们对银河系了解得也会更多。

尽管自威廉·赫歇尔后，人们对银河系的系统性研究一直在进行，但是一个巨大的困难拖住了人们认识银河系的脚步——我们自己就身处在这个星系里。因此，要想看到银河系的全貌，需要把整个天空全部扫描一遍，不仅是北半球，还包括南半球。如此浩大的工程在 20 世纪 50 年代前是不可想象的。

然而，一方面得益于巡天望远镜技术的突破，另一方面受益于电荷耦合元件（CCD）等数字感光技术的发明和电子计算机的大规模使用，天文学家终于拥有了巡视整个星系的手段，并向公众展示了银河系的全貌——不仅是在光学波段，还包括红外、射电、紫外和 X 射线等全电磁波段（图 1）。

▼图 1　从射电到伽马射线不同波段下看到的银河系
来源：NASA，https://asd.gsfc.nasa.gov/archive/mwmw/mmw_sci.html#rosat https://asd.gsfc.nasa.gov/archive/mwmw/images/combined_grid_mag8.jpg

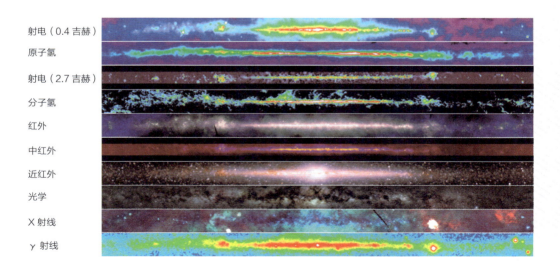

射电（0.4 吉赫）
原子氢
射电（2.7 吉赫）
分子氢
红外
中红外
近红外
光学
X 射线
γ 射线

在此基础上，天文学家得以从不同角度揭示银河系的各种特征，并逐渐勾勒出银河系的演化历史。

点亮星系

　　和所有其他星系一样，银河系诞生于气体的坍缩。最初，气体和暗物质粒子一起被引力束缚形成一个近似于球形的巨大团块，其中的气体原子因为耗散性而迅速失去能量向内坍缩。由于角动量总是守恒的，因此坍缩到质量团块内部的气体旋转速度加快，形成一个转动的气体盘。这就是胎儿形态的银河系。

　　很快，气体因为辐射能量而使自身冷却下来，冷却的气体才有机会进一步在更小尺度上凝聚，最终触发了第一代恒星的形成。银河系在此刻被点亮了。想象宇宙深处有一群智慧生命，正在使用他们的超级望远镜观察银河系。他们看到的图像也许是这样的：一开始，他们只能在射电波段观察到一团中性氢气体团块，很快，他们会看到分子云的辐射，接下来从紫外到红外波段他们会看到恒星最初的光芒（图2）。

▶图2　恒星形成区
紫色是年轻恒星发出的X射线辐射，浅绿色和红色是来自气体的辐射，暗色区则是较冷且致密的尘埃云
来源：维基百科，ht-tps://commons.wik-imedia.org/wiki/Fi-le:NASA–FlameNebula–NGC2024–20140507.jpg

原初的气体中除了氢和氦，几乎没有其他元素。恒星结构理论认为这样的情况下更容易形成质量巨大的恒星，甚至达到太阳质量的百倍之多。它们也是最短命的恒星（质量越大的恒星越短命，反之越长命。例如，质量约为太阳 80％ 的恒星的寿命可以超过宇宙现在的年龄），在几千到几万年间迅速形成，通过剧烈的核反应燃烧氢、氦以及后来形成的较轻元素，然后在几百万到上千万年后通过一次猛烈而短暂的超新星爆炸将自己粉碎，恒星内部核反应中形成的各种元素包括碳、氖、氧、硫、钙、硅、铝、钛、镁、铁等，以及爆炸瞬间形成的更重的元素如铷、铯、金、铕等被一并释放到星际空间，同原来的星际气体混合在一起。这样，随着一代一代恒星的死亡，星际气体中的金属元素（天文学把除氢和氦以外的所有元素都称为金属元素）越来越多，在这样的星际气体中再形成的恒星也就包含了越来越多的金属元素。

宇宙间除了氢、氦以及极少量轻元素，绝大多数元素都是从恒星的燃烧或超新星的爆炸中产生的。因此，我们身体里除了氢和氦，其他原子都是恒星的产物，人类从这个意义上来讲都是星星的"孩子"，是宇宙的一个组成分子。

不同年龄的恒星包含的金属丰度就像年轮一样反映了这些恒星所在家族（星族）的形成历史。如果发现恒星表面完全没有金属，那么这颗恒星很可能就是银河系第一代恒星。因为第一代恒星大多质量较大，因此早已死亡，变成黑洞或中子星，所以今天银河系已经没有第一代恒星存在。但是一部分小质量第二代恒星（包含第一代恒星产生的少量金属元素）依然存活着。它们是金属丰度极低的恒星。澳大利亚科学家在 2013 年发现了一颗极端贫金属星，它的铁丰度不到太阳的一千万分之一，是迄今发现的金属含量最低的恒星。它应该属于第二代恒星。寻找更多第二代恒星可以帮助天文学家了解银河系诞生的早期（也是宇宙的早期）原子核合成的具体过程。

通过分析太阳附近数以万计的银盘恒星的元素丰度，天文学家可以在某种程度上回溯历史，了解银河系盘的恒星形成历史。尽管天文学家对银河系的恒星形成历史的想法还没有达成一致，但他们普遍认为在 80 亿 ～ 100 亿年前，银河系的星系盘开始形成，并在最初的 10 亿 ～ 20 亿年间保持着较高的恒星形成率。大量的大质量恒星从气体中脱颖而出，强烈的紫外辐射使得银河系看上去更蓝、更亮。这时的银河系到处"星"机勃发，一片欣欣向荣。不过对生命而言，整个星系都不算友好：星际环境非常严酷，不仅有强烈的高频电磁辐射（从紫外一直到 X 射线），密集发生的超新星爆炸和大质量恒星吹出的强烈星风还不时卷起高能宇宙射线风暴。脆弱的有机分子在这样猛烈的辐射下很难存活下来。

成 长

高恒星形成率会把大量气体物质锁死在恒星内部，同时，超新星爆炸产生的冲击也会把大量气体吹散，很多甚至被吹到银河系的晕中。这样，银盘上的恒星形成速度就因为生产材料的减少而逐渐慢下来。与此同时，越来越多的金属元素（碳、硅、镁、氮、铁等）会在星际气体中逐渐聚积，并在一定光化学反应下形成坚固的分子，如石墨、硅酸盐（沙子的主要成分）等，于是星际尘埃逐渐形成了。星际尘埃有助于遮挡危险的宇宙射线和高频电磁辐射，使得更大更复杂的有机分子得以在气体和尘埃的包裹中逐渐形成。很多科学家相信，组成生命的基础分子（氨基酸和蛋白

质）就在这样的星际环境中形成，并被彗星和陨石带到像地球
这样环境适宜的行星上，生命由此诞生。

　　此时的银河系整体上仍然是蓝色的，但是因为银盘上存
在大量尘埃，它们会散射星光，短波受到散射的影响超过长波
（这一现象被称为红化），因此在银盘上的颜色看上去比实际
上要更红一些，尘埃密集的地方星光干脆被完全遮蔽（图3）。

　　银盘上的恒星不断绕着银河系的中心转动。靠近银河系
中心的银盘恒星轨道并不稳定，会逐渐演化出长条形的稳定轨
道。很多这样的恒星一起组成了一个棒状结构（我们无法直接
观测银河系中心区的三维图像）。从银河系外面来看，这个棒
状图案也在转动着。棒状结构的形成可能是最为复杂的星系动
力学现象之一，至今还有很多没有解决的问题。研究棒状结构
的一个重要意义在于，尽管它仅处在银河系的中心地带（其长
度为3～4千秒差距），但是由于棒的转动产生引力势场的周

▲图3　银河系中心方
向致密的尘埃遮蔽了很
多遥远的星光，形成黑
黢黢的空域

期性变化，而引力又是长程力，因此它的影响力可以在整个星系尺度上长期存在，并可能深刻地影响整个星系的演化历史。

　　除了中心棒，银盘上的气体还能形成旋臂。20 世纪 60 年代，林家翘和徐遐生发展了驻密度波理论来解释旋臂形成的动力学机制。今天我们知道，尽管绝大多数旋涡星系的旋臂是密度波，但它们不是驻波，而是不断出现又消失的。同中心棒一样，旋臂图案也会在星系盘上保持一段时间，因此尽管凝聚了不多的气体质量，旋臂还是产生了微弱的周期性变化的引力势场（图 4）。这个引力势场可以同一些恒星的运行轨道产生共振，就像我们在生活中常常遇到的那样，共振将这一微弱引力的影响放大了，从而显著改变了与之共振的恒星轨道的角动量和能量。很多理论家相信银河系的一组旋臂图案的生命周期只有大约 10 亿年，然后就会消失，不过很快又形成了新的一组旋臂图案。这种不断产生的暂现的旋臂会不断激发那

▲图 4　银河系的俯瞰示意图
太阳在正下方，两个显著的旋臂之间
来源：NASA,https://www.nasa.gov/sites/default/files/thumbnails/image/milkyway-full.jpg

些产生共振的恒星离开它们的诞生地，或者向内盘或外盘迁移。不要小看这些共振，在 100 亿年的时标上，它们的作用是如此显著，以至于整个星系盘的形状都因此改变——星系盘变得更大、更散了。

谢 幕

宇宙间的一切似乎都有始有终。生命如此，恒星如此，星系也是如此。银河系诞生于宇宙的早期，到今天大约有 100 亿岁了（最老的恒星的年龄）。它的归宿又在哪里呢？星系可能在某一天瓦解，就像很多较小质量的矮星系，最终在它附近的大质量星系的引力撕扯下瓦解了，其成员恒星被大质量星系据为己有。这样弱肉强食的故事在银河系早年也曾发生，它可能曾经吞噬了上百个附近的矮星系。如今这些矮星系的残骸构成了银河系暗淡而稀薄的恒星晕，包裹在巨大银盘的外面。被别的星系吞噬掉会是银河系的宿命吗？一部分理论家根据数值模拟判断在大约 38 亿年后，银河系可能会同距离最近的姐妹星系——仙女座星系（其质量和银河系很相似，也许略大一些）——合并成一个新的星系（图 5），那时候银河系作为一个独立星系也就消亡了。

在这种剧烈的合并发生之前，银河系可能会先演变成"僵尸"星系——虽然它还能发出红色的黯淡星光（主要由年老的小质量长寿恒星提供），但是已经没有新的恒星产生，因为制造恒星的气体已经消耗光了。不再有恒星形成的星系变得死气沉沉，天文学家常用"熄灭"这个词来描述星系的这类归

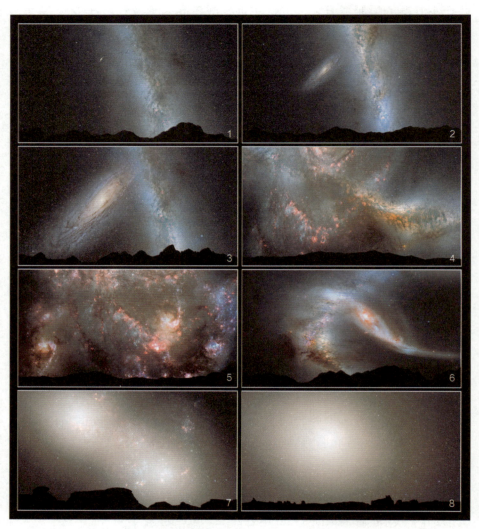

▲图5 地球上看到的仙女座星系和银河系碰撞、并合过程想象图
并合将产生极为壮观、颜色绚丽的星爆（3），并最终形成一个光滑的椭圆星系（8）
来源：NASA，https://www.nasa.gov/images/content/654291main_p1220bk.jpg

宿。如今，在太阳附近，恒星形成的速度大约是每立方秒差距的体积里每

年有一颗新恒星形成。这个速度比起几十亿年以前的银盘可是慢了很多。

这个速度还会继续慢下去，所以星系的"熄灭"是一个痛苦难熬的漫长过程，完全不像瓦解和合并那样痛快。但是气体耗尽的那一天终会到来，有人甚至认为今天的银河系正在成为一个就要"熄灭"的星系。

银河系研究的历史、现状与未来

当远古人类第一次抬头仰望星空的时候，银河系就已经在人们的视野中了。在 1922 年埃德温·哈勃证认了河外星系的存在而开创了星系天文学之前，人们认为银河系就是宇宙，宇宙就是银河系。

1989 年，欧洲空间局发射了依巴谷（Hipparcos）天体测量卫星，对太阳附近 10 万多颗恒星的距离和切向运动做出了精确测量。自此以后，天文学家开启了对银河系研究的黄金时代。对银河系的大量认识也变得更加精确。20 世纪 90 年代后期开展的"2 微米全天巡天项目（2MASS）"在近红外波段观测恒星，由于在红外波段星际尘埃的红化作用非常微小，因此可以深入观察被尘埃包裹的银河系的内部区域。而革命性的观测来自 21 世纪初的"斯隆数字化巡天（SDSS）"，它不仅扫描了全天约 1/4 的星空，获得了高精度多色图像，而且使用多目标光纤光谱仪对大约 60 万颗恒星做了光谱观测。从光谱数据可以更加精确地获得恒星的物理参数、化学成分和视向速度，因此可以更好地描述银河系的运动和演化。从这些信息中，天文学家发现银河系周围存在 10 多个非常暗淡的矮星系，还看到了 10 多个瓦解的矮星系或球状星团的遗迹，并且对银河系的厚盘起源有了新的认识。他们还成功地测量到银河系的总质量大约为 1 万亿太阳质量（包括气体、恒星和暗物质）。

　　如今，SDSS 银河系巡天的继承者 APOGEE 巡天正在接替前任。它工作在近红外波段，可以获得银河系靠近中心区域的恒星的光谱信息。

　　在 21 世纪第二个十年里，国际上接力 SDSS 的天文巡天项目有很多，其中我国天文学家主导的 LAMOST 银河系光谱巡天项目是其中效率最高的一个（图 6）。

▲图6　位于国家天文台河北兴隆观测站的郭守敬望远镜（LAMOST，张磊 / 摄）

　　为了能够更好地观察银河系，天文学家需要尽其所能捕捉更多恒星的各种电磁波信号。虽然 SDSS 获得了上亿颗恒星的亮度和颜色信息，但是只有 60 万颗恒星的光谱信息。相比之下，尽管 LAMOST 巡天仅观测恒星的光谱，但是它在短短 5 年时间内已经获得了将近 800 万条恒星光谱，比之前全世界天文学家获得的恒星光谱总和还要多！

　　巨大的恒星观测数目只是万里长征的第一步，海量数据并不能自动告诉我们银河系的形状和性质。科学家还需要细致的数据筛选和严谨的统计分析。

　　数据的分析和统计过程是漫长的，凝聚了很多人的努力，历时若干个年头。首先，需要对光谱做最基本的处理，将光谱信号从拍摄的数字图像中提取出来。LAMOST 望远镜装有 16 台光谱相机，每台相机的一幅图像包括大约 250 条天体光谱，提取并对其做初步处理是一项细致而烦琐的工作。将各条光谱抽取后，还要从中估算对应恒星的物理参数，包括恒星表面的温度、表面重力加速度及金属成分的比例等。这些信息至关重要，因为下一步，天文学家需要根据这些信息估计恒星的绝对亮度，再根据其他望远镜测量到的视亮度估算它到太阳的距离。

　　不同恒星的绝对亮度可以相差 10 个数量级，即 100 亿倍，但是同一个望远镜观测到的视亮度范围相差仅有几百倍。这就带来了一个严重的问题，那些望远镜捕获的很远的恒星都是绝对亮度很亮的恒星，而对很暗的恒星的探测仅局限在很近的距离范围内。天文学上将这种选择效应称为马奎斯特偏离，它会严重影响研究者对银河系的统计分析。因此接下来，天文学家就要想方设法改善由此带来的统计偏差，尽量还原银河系真实的恒星分布情况，公平地统计很暗和很亮恒星的数目。经过 100 多名中外天文学家和工程师的漫长观测、数据处理和统计分析，银河系的神秘面纱最终被 LAMOST 数据逐渐揭开。

　　欧洲空间局在 2013 年 12 月 19 日发射了新一代天体测量卫星 Gaia（图 7），它的距离测量精度超过依巴谷卫星 2

个数量级。它可以分辨的恒星最小位移差较小，相当于放在月球上一枚硬币的直径大小！Gaia 将观测全天 10 亿颗恒星的距离和切向运动，配合地面的光谱巡天数据，我们可以精确获得其中 1000 万 ~ 1 亿颗恒星的空间位置和三维运动。这些信息将帮助天文学家进一步了解银河系运动的细节，掌握星系演化的密码，推断星系在茫茫宇宙中的诞生、成长和死亡，最终编纂出精确的银河系编年史。

▲图 7　Gaia 卫星
来源：ESA，https://www.cosmos.esa.int/documents/29201/307569/Gaia/b4fb8387–d4eb–487b–9928–bae47ea00e37?version=1.1&t=1396253348000&imagePreview=1

[转载自《赛先生》公众号（newsicence），略作修改]

作者：刘超，国家天文台研究员。主要从事星系动力学、银河系、星际消光和恒星等方面研究。

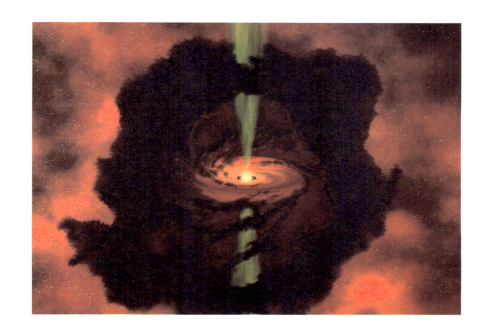

　　我们对于宇宙的认知始于 138 亿年前大爆炸的
一瞬，那也是所谓时间和空间的起点。现代宇宙学
告诉我们，在宇宙刚刚降生的很长一段时间里，到
处都是一片黑暗，直到大爆炸发生数亿年之后，在
只含有氢、氦和微量锂的大爆炸"浓汤"里诞生了
第一代恒星。它们的出现，不仅第一次照亮了广袤
宇宙，而且彻底改变了恒星形成的环境，使 10 亿年
后第一代星系的出现成为可能。

05
第一代恒星：穿越百亿年的星光

李海宁

天文学家总爱追本溯源，在他们眼中，越古老的天体越有趣，如第一代恒星、第一代星系等。来自马萨诸塞大学与墨西哥国家天体物理、光学与电子研究所的一个国际研究团队在《自然·天文》上发布了一项重要发现，他们利用大型毫米波望远镜（Large Millimeter Telescope）通过光谱观测认证了一个红移大于 6.0 的恒星形成星系 G09 83808。这是迄今发现的第二遥远的尘埃恒星形成星系（dusty star-forming galaxy），仅比宇宙年轻 10 亿岁（图 1）。这个诞生于 128 亿年前的第一代大质量星系，是宇宙中最年老的天体之一。它的另一个重要身份就是第一代恒星的家园。

▲图 1　尘埃恒星形成星系
来源：NASA，https://www.jpl.nasa.gov/spaceimages/images/largesize/PIA13126_hires.jpg

传说中的第一缕星光

我们对于宇宙的认知始于 138 亿年前大爆炸的一瞬，那也是所谓时间和空间的起点。现代宇宙学告诉我们，在宇宙刚刚降生的很长一段时间里，到处都是一片黑暗，直到大爆炸发生数亿年之后，在只含有氢、氦和微量锂的大爆炸"浓汤"里诞生了第一代恒星。它们的出现，不仅第一次照亮了广袤宇宙，而且彻底改变了恒星形成的环境，使 10 亿年后第一代星系的出现成为可能（图 2）。

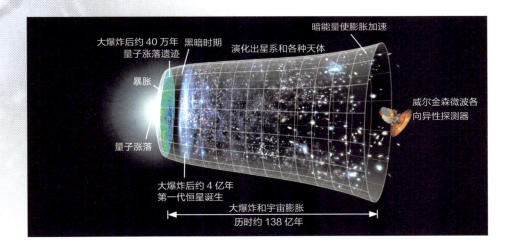

长久以来，第一代恒星始终是个神秘的传说：宇宙中的第一缕星光究竟是如何诞生的？今天的我们是否仍然能够接收到第一代恒星的光芒？标准大爆炸理论告诉我们：宇宙中的第一代恒星诞生在庞大而炽热的原初气体云中。理论学家预言这些恒星大气层中保留了大爆炸之初宇宙中的化学组分，甚至不含有任何比氦重的化学元素。

▲图 2　宇宙演化的历史
来源：NASA,https://map.
gsfc.nasa.gov/media/
060915/060915_CMB_
Timeline600nt.jpg

虽然宇宙学家已经能够通过复杂的数值计算，还原通过大爆炸留下的密度起伏逐步演化成第一代恒星的过程，观测天文学家也尝试借助极其遥远的恒星与星系，回溯到无比接近宇宙黑暗年代最后一刻的时空。然而还从来没有成功观测到真正的第一代恒星。即便关于第一代恒星最基本的属性——体重，也是众说纷纭。它们有可能是比太阳质量大百倍的重量级选手，也有可能是和太阳体量相当的小不点。

昙花一现抑或深藏不露

恒星顺利诞生的前提之一是形成它的分子云冷却并由于自重而收缩。随着氢分子的冷却，在宇宙最早期的致密区域会形成重达百万个太阳质量的团块，并开始孕育第一代恒星。这些"始祖"气体团块的最终结局如何？究竟是坍缩形成体重超过数百个太阳的庞然大物，还是分裂成小块从而形成和太阳相当的小星星？20 世纪末至 21 世纪初的大量理论研究和数值模拟都将演算的终点推向前者，并且几乎完全排除了原初团块分裂的可能性。这意味着第一代恒星都是具有数十倍、数百倍于太阳质量的大块头，因而不幸地意味着它们不能活得太久，通常熬不过几百万年的时间，更不用说穿越 130 亿年出现在今天我们的视野中了。

不过，关于第一代恒星的不可观测性，在最近的 10 年中出现了转机。来自美国、日本等多个理论研究团组的研究结果都表明，尽管第一代恒星通常会以大质量短寿命作为终结，但在极特殊的情况下，例如，具有极高的角动量系统中，仍然有可能产生小的碎片从而形成小质量的第一代恒星。当这些恒星质量小于太阳时，就有可能一直活到今天。理论学家甚至预言，在银河系中心核球以及近邻矮星系中，都有可能找到它们。然而，原初分子云分裂条件的极端特殊性以及分裂碎片隐藏区域的极难观测性，使得以现在的观测能力找到小质量第一代恒星几乎成为不可能完成的任务。

尘封百亿年的宇宙化石

　　如图 3 所示，第一代恒星在经历数百万年的"短暂"一生后，这些宇宙中的第一批化学元素加工厂会以非常壮丽的方式结束生命，如超新星爆发。它们所制造的新元素被喷射到太空中，在瞬间永远改变了"零污染"的原初物质，宇宙化学演化的大幕也由此拉开。在此环境中快速冷却的小质量气体云

▼图 3　恒星的一生
来源：NASA，https://imagine.gsfc.nasa.gov/Images/objects/stars_lifecycle_full.jpg

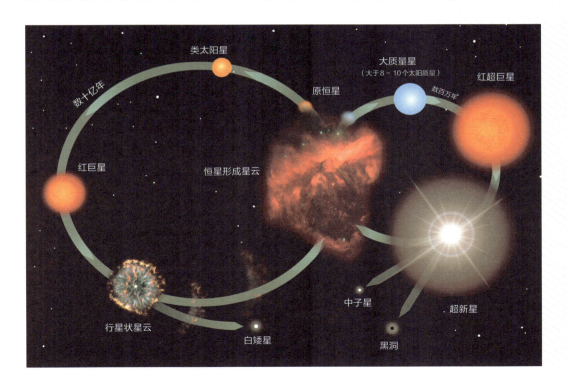

团块产生了第二代恒星。它们的质量不超过太阳，因此能够存活得极为长久，其中有一些时至今日仍然可以被观测到。在没有内部或外部"混合"过程影响的条件下，这些长寿明星的表面大气会坚守着诞生之初的化学成分。我们如果能够观测并确定这些成分，就可以沿着宇宙时标穿越回到远古，了解第一代恒星和早期宇宙的本质。

这些遥远的星星是目前我们探究宇宙中第一代恒星和超新星的唯一观测途径，它们零星地分布在我们所处的银河系和附近的矮星系里，而且极其稀有——在太阳附近区域，大约每 10 万颗恒星当中才有可能找到 1 颗。在过去的半个多世纪里，天文学家动用了从南到北的许多望远镜来完成这项大海捞针的任务，并且幸运地找到了一些。其中最让人惊叹的是澳大利亚天文学家通过 SkyMapper 望远镜找到的 SMSS 0313-6708，它的金属含量还不到太阳的千万分之一，现有的观测设备甚至无法在它的表层大气中找到任何铁元素的痕迹。尽管我们还无法准确地判断它究竟有多老，但科学家几乎非常确定，它一定不会比宇宙年轻多少。

这些今天能够观测到的最年老的恒星就像宇宙"化石"一样记录了宇宙化学演化的最初历史，而通过分析它们来研究第一代恒星和早期宇宙的学科也被称作"恒星考古"。近年来，我国的天文学家积极投入其中，并利用我国自主设计研发的 LAMOST 望远镜建立了目前世界上最大的宇宙化石样本，希望能够发现更多珍奇的第二代恒星。随着新一代 30 米级甚大望远镜的落成，在不久的将来，也许第一代恒星将不再神秘。

作者：李海宁，国家天文台副研究员，中国科学院青年创新促进会会员。主要从事恒星考古和银河系演化方面的研究。译有《宇宙的真相》《图说宇宙》《宇宙简史》等科普图书。

宇宙中，每秒钟都有恒星死去。虽然恒星结束生命的方式无外乎核坍缩和热核爆炸两种，但它们结合各自的物理、化学状态，细化出无数种死法。真是应了那句话：有一万种死法，你要选哪种？可有的恒星却不走寻常路，它似乎有自己独特的选择。

06
恒星的第 10001 种死法

张天萌

　　宇宙中，每秒钟都有恒星死去。虽然恒星结束生命的方式无外乎核坍缩和热核爆炸两种，但它们结合各自的物理、化学状态，细化出无数种死法。真是应了那句话：有一万种死法，你要选哪种？可有的恒星却不走寻常路，它似乎有自己独特的选择。

　　标准的超新星都是相似的，特殊的超新星各有各的不同。

　　在《自然》杂志中就介绍过一个特殊的超新星爆发。天文学家发现，一颗被命名为 iPTF14hls 的超新星在近两年的时间里，爆发了 5 次。当下，全球大视场巡天开展得如火如荼，每天都会发现十几颗超新星，但如此走向死亡的恒星却前所未有。清华大学和国家天文台的研究人员作为该研究的合作者，利用国内的中小型望远镜设备为这项工作贡献了重要数据。

一波三折的发现过程

　　2014 年 9 月 22 日，著名的帕洛玛瞬变源巡天项目利用大视场相机发现了一个突然变亮的点。作为一颗超新星候选者，它被命名为

iPTF14hls。根据传统的超新星研究过程，应该迅速寻找大口径望远镜进行光谱证认。出于某些原因，iPTF 并未公布该超新星的发现信息，也没有启动后续的监测。

两个月后，另外一个超新星巡天卡特琳娜实时瞬变源巡天于 2014 年 11 月 18 日独立发现了该超新星的爆发。因为看起来亮度变化不大，所以天文学家便没有对这颗超新星进一步关注。

2015 年的第一天，国家天文台与清华大学联合开展的超新星巡天项目探测到这颗超新星的再次变亮，并于 2015 年 1 月 8 日利用国家天文台 2.16 米望远镜观测了它的第一条光谱。光谱显示，这是一颗 IIP 型超新星。这类超新星在爆发时包含有大量的氢和氦元素，其亮度会在爆发后 50 ～ 100 天保持缓慢变化。这与之前的观测相符合。因此我国超新星研究者判断这是一颗普通的 IIP 型超新星，再次错失了这个重大发现。

100 天后，iPTF14hls 迎来了第三次的亮度增加，大量的望远镜将镜头对准"事发地点"，开始对 iPTF14hls 进行集中观测。此后的 300 天内，科学家又探测到至少两次亮度增加的现象。也就是说，在 600 多天的时间内，这颗超新星至少 5 次突然变亮，然后又暗淡下去。

iPTF14hls 所在的星系有个长名字 SDSS J092034.44 + 504148.7，距离地球约 4 亿光年。之所以科学家对这个星系的距离不十分确定，是因为它实在是太过暗淡、太过平淡无奇，因此之前从未有望远镜专门对准它。而超新星 iPTF14hls 5 次爆发的"事迹"在天文界前所未有，才让 iPTF14hls 和它所在的星系成为科学家关注的焦点，如下图所示。

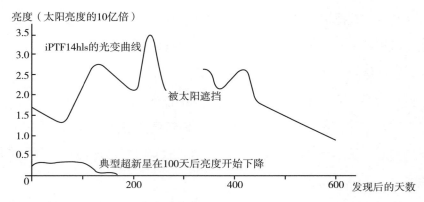

iPTF14hls 与普通Ⅱ P 型超新星光变曲线的对比图
来源：http://www.quantamagzine.org

恒星生命的终点

　　超新星是恒星终结生命的一种形式。当恒星耗尽其内部核反应原料时，会开始不可阻挡地坍缩，随后产生剧烈的爆发。爆发会让恒星的亮度迅速增加 10 个量级以上，并将恒星的大部分物质以上万千米每秒的速度抛射到空旷的宇宙中。在宇宙空间中，每秒钟都有一次超新星爆发在上演，而人类所有的探测设备集中在一起也只能发现其中的十万分之一。现有的超新星观测数据显示，绝大部分超新星会在爆发后的几十天到一年内，亮度下降到观测仪器的探测极限以下，最终从我们的视野中消失，遗留下一个中子星或黑洞，又或是尸骨无存。

　　超新星这个名词的出现至今不到百年。20 世纪的最后 10 年，SN 1987A 爆发、超新星作为标准烛光测量宇宙以及部分超新星与伽马暴成协等重要科学发现，使越来越多的科学家将目光聚焦到超新星上。

　　根据光度变化曲线和光谱特征，超新星可以被分为很多类型。其中所占比例最大的两类，分别是来源于主序质量到达 8 ～ 16 个太阳质量的红巨星爆发的Ⅱ P 型，和吸积伴星质量达到质量极限最终爆发的Ⅰ a 型。最近

10 年，随着更多大视场超新星巡天项目的开展，越来越多的特殊超新星被发现，为超新星研究揭开了新的篇章。

不断复活的"僵尸"超新星

一般来说，超新星爆发后会在几天或几周内达到光度极大，然后逐渐暗淡。当然，凡事有例外，超新星在爆发后出现多次光度增亮现象也曾有过先例，比如著名的 SN 1987A 和 1993J。

iPTF14hls 被天文学家戏称为"僵尸"超新星。它在演化的终点迟迟不肯离去，多次爆发。到底是什么让它一再"复活"？

对于超新星再次变亮，天文学家有多种解释。首先是适用于最多场景的镍元素 56 号同位素的衰变。在演化的最后阶段，恒星会在高温高压状态下合成镍元素的 56 号同位素，之后它会通过放射性衰变，缓慢地变为铬和铁，并释放能量，使超新星再次变亮。SN 1987A 和 1993J 再次变亮的机制与这种机制类似，但它一般只会使超新星产生 1 ~ 2 次的亮度增加。其次是如果超新星爆发时，其周围有一个前身星星风吹出的物质壳层，那么当爆发抛出的物质进入这些壳层后，会与这些壳层发生相互作用，加热这些物质使其发出辐射。辐射提供的能量会使超新星的亮度下降速度减缓，并且会伴随有射电和 X 射线的辐射。但对 iPTF14hls 的观测并没有探测到射电或者 X 射线的辐射。最后一种可能，如果超新星爆发后形成一个高速旋转的、磁场较强的中子星，这样的中子星会由于旋转速度的减缓，旋转动能转化为辐射能，为超新星的辐射注入新的能量。但这样的能量注入一般是单次的，也无法解释 iPTF14hls 的 5 次变亮，而且现有的模型也不支持包含有大量氢元素的恒星产生这样的高速强磁场中子星。

　　研究表明，在爆发之前，iPTF14hls 可能是一颗质量超过 100 个太阳质量的低金属丰度恒星。这种恒星生命晚期会在特定的条件下产生正负电子对，使得恒星的状态方程发生变化，导致其不稳定性增加，进而抛出部分外层物质，并重新达成稳定的状态方程。多次重复这个过程就会在超新星外部形成多重壳层。最终恒星彻底死亡爆发后，抛出的物质与不同壳层的相互作用就会产生 iPTF14hls 的奇特光变曲线。

　　遗憾的是，该模型预言超新星在爆发时将损失绝大多数氢元素，这与 iPTF14hls 光谱中发现较强的氢谱线相悖，而且模型预计的爆发总能量比实际观测到的要低一个量级。如此看来，该模型也不是 iPT14hls 这类奇特超新星爆发的最终答案。未来更多与 iPTF14hls 类似的超新星的早期观测数据，加上日益完备的恒星演化模型，也许会让我们发现恒星的一种新死法。

作者：张天萌，国家天文台副研究员。主要从事大视场巡天及超新星观测研究。

太阳对于我们来说，似乎是自夸父、后羿神话起就亘古不变的存在。到了人类已然享用其绿色清洁能源的今天，太阳依旧生机勃勃、高悬天空、泽被大地。毫不夸张地说，地球上所有生物，包括地球自身的命运，都与太阳息息相关。

图题：第谷·布拉赫的宇宙体系，17 世纪德国画家 Andreas Cellarius 绘制
图片来源：维基百科，https://commons.wikimedia.org/wiki/File:Cellarius_Harmonia_Macrocosmica_-_Planisphaerium_Braheum.jpg

07
太阳：我会不断变胖
地球：这样好吗……

邓李才

序 言

太阳对于我们来说，似乎是自夸父、后羿神话起就亘古不变的存在。到了人类已然享用其绿色清洁能源的今天，太阳依旧生机勃勃、高悬天空、泽被大地。毫不夸张地说，地球上所有生物，包括地球自身的命运，都与太阳息息相关。

经历了几十万年的进化，人类已经拥有了具备高级逻辑思维能力的大脑，掌握了外太空探索的科学技术。此时必然要思考的问题之一，就是人类和这颗蓝色星球的未来将通向何处。若把这个"未来"放在天文学尺度上进行讨论，会发现它与太阳的命运紧密相连。

假设人类没有因无节制地开采地球资源，最终导致自身走向穷途；假设地球也不会遭遇不可控非人力的强烈的自然强力毁灭事件，那么最后，地球的"寿终正寝"会发生在什么时候？又是以何种方式和状态呢？它的终结者会是它一直守护的太阳吗？首先让我们了解一下天文学上最常用的工具——赫罗图，并以此为基础来了解太阳作为一颗普通恒星在赫罗图上走过的一生。

赫罗图与恒星的一生

　　什么是赫罗图？答案很简单，如果在一个没有光污染，或光污染不算严重的地方，如在远离城市的郊区，晴朗无月的夜晚仰望星空，满天星斗、星罗棋布。

　　笔者在紫金山天文台青海观测站拍摄的典型星空图（图1）显示，这里的天空透明，星空十分壮观，仙女座大星云（M31）肉眼可见，人们可以很自然地辨析星星的明暗。相信细心的人定会发现，不同星星的颜色也有所不同。

　　面对这样的星空，早期的研究者主要把注意力放在天体位置的变化上，力求捕捉到相对大多数星星而言位置移动明显的个体，并最终在分析位置数据的基础上发现了行星及其运动规律——这是由观测星空引申出的包含许多数学、物理规律的天文研究成果。

▼图1　美丽的星空中呈拱门形状的银河
拍摄于紫金山天文台青海观测站。地景是中国恒星观测网络项目（Stellar Observations Network Group，SONG）1米望远镜（中），西华师范大学50厘米双筒望远镜（左）和观测辅助设备的三个圆顶。椭圆中是仙女座大星云

　　20世纪初，有两位脑洞大开的科学家抬头看天时，觉得应该给这些星星排排队：谁更亮，谁更蓝。这一排队不要紧，用颜色从蓝到红作横轴，亮度从暗到明作纵轴，天文学史上里程碑式的赫罗图便诞生了（图2）。这两位天文学家，一位是丹麦的赫兹布隆（Ejnar Hertzsprung），另一位是美国的罗素（Henry Norris Russell），赫罗图（Hertzsprung-Russell Diagram）也正是以两人的姓氏命名的。

　　天文学是一门观测学科，当然这其中饱含了无奈，因为我们无法像物理学、化学、生物学那样直接用观测对象做实验。但天文观测的好处在于：研究对象的数目几乎是无限的，即便是非常稀有的天体，我们仍然有大量样本可供统计研究。赫罗图便是一种通过统计研究来抽取规律的利器。

　　这里需要说明的是：星星直观的明暗并非它自身发光多少的真实反映，因为距离是一个非常重要的参数。一个很亮的光源如果"摆"得很远，看起来也会很暗，反之亦然。从赫罗图上读取恒星的演化轨迹，首要的假设就是：图中展示的星星都是处在同一距离上的，这一点非常重要。现在就让我们来直观感受一下太阳在赫罗图上走过的路径吧。

　　图2所示是一张常规的赫罗图。图中的横轴是温度（单位：开尔文），从左至右颜色由蓝变红，是温度下降的方向；纵轴是恒星的光度（单位时间从恒星表面辐射出的总能量，以太阳光度为标准单位，对数坐标），从下向上是光度增加的方向。

　　图2中由左上（蓝色）向右下（红色）的一条恒星带为主序带。处于主序带内的所有恒星，其中央核心区皆正在进行氢核聚变反应，这个聚变过程可以在相当长的时间内持续释放出巨大能量。

　　图2中以太阳为起点的演化迹实线标示了太阳依次经过主序、亚巨星、氦壳层燃烧恒星、红巨星、双壳层燃烧恒星（简称AGB，渐近巨星）的演化历程。随后，太阳开始膨胀，图中演化轨迹水平部分标示

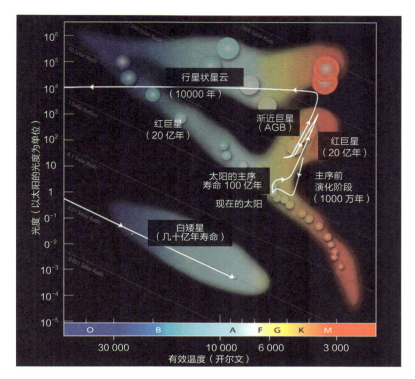

◀图 2　赫罗图：太阳的演化轨迹（1）

横轴表示温度（数字）或颜色（光谱型），纵轴表示光度，对数坐标以太阳的光度为单位。从左上到右下为主序，绝大部分恒星都处于这个序列上。主序从下到上为恒星质量增大的方向。白色曲线表示太阳从形成到死亡演化的轨迹。

来源：NASA.http://chan-dra.harvard.edu/graphics/edu/formal/variable_stars/evolutionary_track.jpg

的是时标很短的行星状星云状态。在剥离外层星云物质之后，太阳来到白矮星演化阶段（左下），并最终在这条轨迹上耗尽所有能量，变得越来越暗、越来越冷，直至无迹可寻。

　　其实，在赫罗图上，太阳的演化直接关系到地球命运的"点"大概只有两个：第一个是主序上的太阳，第二个是右上角的红巨星及渐进巨星。主序上的太阳为地球带来了宁静安详，赐予万物所需的能量，而变为红巨星及渐进巨星的太阳则可能是狰狞恐怖、令人绝望的。

宁静安详与恐怖狰狞

对人类历史而言，太阳是平静、和煦、亘古不变的。但在天文学家看来，这个"不变"是相对的，"亘古"二字实为人类历经的时标太过短暂而产生的错觉。在赫罗图上，当把大量已知距离的恒星都画在同一张图上时，最为突出的特征就是绝大多数恒星都会处于前文提到的主序带上。这种特定区域内的高度集中，其实反应的是恒星在该区域内停留的时间特别的长，用物理知识来解释这种现象，即恒星此时正处于中心氢燃烧阶段。

主序是恒星一生中最平稳、持续时间最长的演化状态，太阳目前就处于它的主序阶段。虽然我们平日里觉得太阳暖融融的，其实它内部的核聚变反应时刻释放着毁天灭地的巨大能量。

太阳表面每秒钟辐射出的总能量相当于其中心区域每秒钟爆炸约1000 亿颗 100 万吨 TNT 当量的氢弹，而太阳核心燃烧区域内氢的总储量可以自点燃开始支撑这个产能过程长达约 100 亿年之久！根据天文和地质科学的研究，太阳目前的年龄大约是 46 亿年，也就是说：太阳还可以继续稳定地在主序上度过 50 亿年以上。

那么，太阳终究有一天会耗尽中心的氢，这之后它将何去何从呢？用物理知识进行简单描述：当中心氢核聚变能源耗尽后，太阳会收缩以保持结构的稳定性。收缩将导致中心区域的温度上升，并最终点燃中心以外的氢壳层（大爆炸合成的原初物质及主序氢燃烧的产物）。

那时的太阳，中心由于没有了能源而成为等温体，外部的氢壳层燃烧区域因为整体收缩会被加热到比之前氢聚变时的核心还热，因此这种壳层燃烧远比主序时的氢核燃烧效率更高，从而大大增加了表面辐射的总能量，也大大缩短了对应阶段的恒星寿命。太阳在这一阶段将逐渐变得又大又亮，但表面因为体积膨胀、温度下降而呈红色，这就是红巨星阶段。

也正是因为它体积的变化，从而引申出了我们最关心的
问题：地球会因此毁灭吗？

地球的命运

要回答这个问题，我们需要定量的佐证。将恒星演化理
论应用于太阳，我们可以精确地预测在红巨星阶段太阳能够具
有的最大半径，同理也能较为准确地推测出第二次变成红色巨
星，即渐近巨星时太阳的大小。

假设地球绕太阳运行的公转轨道在未来的 70 多亿年保持
现在的位置，通过下面的赫罗图（图 3），我们可以为地球的

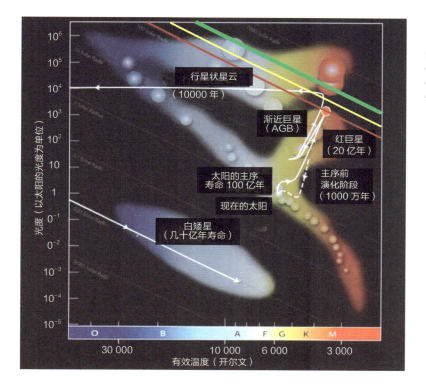

◀图 3　赫罗图：太阳
的演化轨迹（2）
来源：NASA,http://chan-
dra.harvard.edu/graphics/
edu/formal/variable_stars/
evolutionary_track.jpg

命运做一个预测。研究黑体辐射的物理学提供给了天文学家一个公式，这个公式把恒星的总辐射量、恒星的有效温度和恒星半径联系在了一起，被称为斯特潘—玻尔兹曼定律。

借助这个定律，我们可以在赫罗图上标一条线，表示地球当前轨道的半径及具有不同温度的所有恒星在赫罗图上位置的直线（图3中的绿色粗线）。同时标出金星（黄线）和水星（红线）对应轨道半径大小的位置。

与图2不同，右上角加了三条平行直线。处于这些直线上的恒星，无论温度多高，光度多高，其对应的半径都是一样的。绿色表示恒星的半径等于地球公转轨道半径，黄色对应金星的轨道半径，红色对应水星的轨道半径。如果太阳演化轨迹的纵坐标高于所标的线，表明太阳膨胀后会超过相应行星的现有轨道，即那颗行星被太阳吞噬了。

大约在太阳123亿岁时（76亿年后），其大小将达到第一个最大值。从图3可以看出，太阳的半径完全超过了水星现在所在的轨道（图中的红点处），水星便会消亡。

随后，太阳会大范围收缩，但仍会比当前的太阳大10倍以上，并以此大小停留大约1亿年，之后体积会膨胀得更大。随后，太阳的半径会非常接近金星轨道，且变得十分暴躁（热脉动渐近巨星），此过程中会抛出大量的物质。太阳表面抛射物质在当前就时有发生（日冕物质抛射），近年记录到了一次强度罕见的日冕物质抛射，释放的能量相当于1000亿颗100万吨TNT当量的氢弹爆炸。然而即便是这样的抛射，也远逊于热脉动阶段的普通抛射过程。

可以想象，那时暴躁的太阳随便"打一个喷嚏"，近在咫尺的金星就会蒸发。因此，金星会在这个阶段消亡。

那么，地球的命运又将如何呢？当太阳的体积达到最大值时，其外表面几乎可以到达地球现在的位置（尚未完全到达），而那时其表面温度约为4000℃，虽然太阳的表面没有真的到达地球，但此时地球的状态并不乐观。

如图 3 所示，如果地球在未来几十亿年都保持在当前的轨道上，那么，地球将处于稠密而炽热（几乎是当今日冕的环境）的环境中。此时地球周边的温度（不是按常规的黑体辐射定义的）可以达到 10000℃，甚至更高。

不仅如此，红巨星阶段的太阳会向外抛出大量的炽热物质。这种抛射一般呈非均匀的团块状。在这样恶劣的环境中，地球以固态球体形式继续存在的可能性几乎为零。天文学家预测，届时地球会融化，甚至气化。这颗养育了人类及各物种的行星将在太阳的炙烤与"轰炸"下灰飞烟灭，但那是距现在至少 76 亿年之后的事情了。

我们要杞人忧天吗

太阳在天文时间尺度上的演进，掌握着地球这颗行星的生杀大权。实际上，在茫茫宇宙中，恒星的演化进程造成其行星系统的生或死的事情时刻都在发生，这是天体物理现象，地球和太阳系的其他行星皆无例外。

但人类需要为我们在百亿年时间尺度上的未来担忧吗？笔者认为大可不必。因为在未来漫长的 70 多亿年间，会发生的事情还很多，以人类现在已经具有的能力向前推进，虽然不至于让地球消失，但已经可以使得它不再适合人类生存。需要特别说明的一点，我们通过积累掌握的这些能力（当代的知识和科学技术）从牛顿算起仅有几百年。如果把太阳的寿命比作一天，我们的这几百年连一秒都不到。在人们忧虑地球被太阳吞噬之前，真正需要担忧的是太阳系其他小天体的来袭，或是我们人类内部产生的一些致命因素。

最后需要特别说明的是，以上描述的太阳演化对地球的未来影响有很强的假设，即地球永远都待在现有的轨道上。这显然是不尽合理的，有理论研究和观测证据表明，行星是可以在其母星演化后期，在恒星风（从恒星流失的物质）等因素的作用下，被外推到可以安全生存的远轨道上的（如图 4 所示，在太阳半径达到第一个极值时，地球的轨道半径可能增加10%，因此暂时安全）。

当然，"生存"二字仅针对地球这颗行星而言，其上寄生的任何生命的延续都会因为极端物理条件而机会渺茫。多行星系统，如我们的太阳

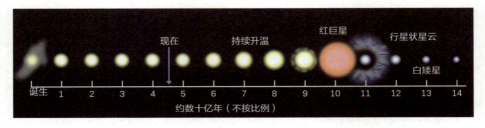

▲图4 太阳的生命周期
来源：维基百科，https://upload.wikimedia.org/wikipedia/commons/thumb/5/55/Solar_Life_Cycle.svg/1280px-Solar_Life_Cycle.svg.png

系，木星、土星这些大质量行星在极其漫长的时标下如何影响像地球这样的小质量岩石行星的轨道仍是待研究、待证实的科学问题。更不用说在 50 亿年以上的时间尺度上，仙女座大星云都将与银河系碰撞并融合。图 5 是根据天文学家研究成果预言此过程的艺术想象，或许太阳与其他恒星相遇也未可知。

据研究，我们的银河系和河外星系仙女座大星云将在 37.5 亿年后发生碰撞，如果那时仰望夜空，看到的将和现在完全不同。

那时，将产生远强于太阳自身演化的过程。此类过程将在太阳毁灭地球之前改变地球的最终归宿，但这些过程是我们现在的科学和知识不能准确预言的。

▲图5 37.5亿年之后的星空
来源：Eso, NASA, https://www.spacetelescope.org/videos/archive/category/galaxies/page/3/?sort=-release_date（presented by Dr J.aka Dr Joe Liske）

参考文献

［1］HERTZSPRUNG E. Über die Sterne der Unterabteilungen c und ac nach der Spektralklassifikation von Antonia C. Maury［J］. Astronomische Nachrichten, 2010, 179（24）:373-380.

［2］RUSSELL H N. Relations between the Spectra and Other

Characteristics of the Stars [J] . Proceedings of the American Philosophical Society, 1912, 51 (207):569-579.

[3] FORTNEY J. Extrasolar planets: the one that got away [J] . Nature, 2007, 449 (7159).

[4] CHARPINET S, FONTAINE G, BRASSARD P, et al. A compact system of small planets around a former red-giant star [J] . Nature, 2011, 480 (7378).

[5] COX T J, LOEB A. The collision between the Milky Way and Andromeda [J] . Monthly Notices of the Royal Astronomical Society, 2008, 386 (1).

［转载自《知识分子》公众号（The-inteuectual），略作修改］

作者：邓李才，国家天文台研究员，中国科学院大学岗位特聘教授，中国恒星观测网络 SONG 项目首席科学家。主要从事恒星内部结构演化、星族及星团研究。

太阳是地球居民最熟悉的一颗恒星,它的东升西落,是再平常不过的现象。太阳黑子、耀斑、日冕,也是人们时有耳闻的名词。然而,天文学家却说:"不,我们并没有自己想象中那样了解太阳,它是我们最熟悉的陌生人。"

08
最熟悉的陌生人：
太阳磁场起源和反向之谜

汪景琇

太阳是地球居民最熟悉的一颗恒星，它的东升西落，是再平常不过的现象。太阳黑子、耀斑、日冕，也是人们时有耳闻的名词。然而，天文学家却说："不，我们并没有自己想象中那样了解太阳，它是我们最熟悉的陌生人。"

太阳活动时而剧烈时而平静，背后的原因是什么？太阳南北两极每11年磁极反向一次，又是怎么一回事？关于太阳，谜团重重，天文学家到底是怎样看待这件事的呢？

太阳简介

太阳是离我们最近的恒星，约 46 亿岁。其直径约为 139 万千米，是地球直径的 100 多倍。从化学组成来看，现在太阳质量的 3/4 左右是氢，剩下的几乎都是氦，其中碳、氮、氧、铁和其他的重元素质量极少，不到其质量的 2%。目前，太阳核区的氢元素正通过剧烈的核聚变形成氦元素，同时向太空释放着大量的光和热。

　　然而，太阳仅是银河系中数千亿颗恒星中毫不起眼的一颗黄矮星，位于银河系中一个不起眼的位置（图 1），它距银河系中心大约 24000 光年。但是，正是很普通的太阳孕育了地球上丰富多彩的生命，包括人类自己。唯其普通才更具普遍意义，对太阳的理解成为人类打开恒星奥秘之门的钥匙。太阳因磁场的存在多彩而美丽，它把我们带入了宇宙磁学研究的大门，它是宇宙等离子体研究最好的实验室。

◀图 1　银河系俯瞰图
银河系具有非常复杂的结构，包括中心区域的核球和超大质量黑洞；优美的旋臂上分布着许多分子云和恒星形成区。太阳位于其中一个旋臂上，离银河系中心大约 24000 光年
来源 NASA，https://www.jpl.nasa.gov/spaceimages/details.php?id=PIA20070

　　看似普通，但是太阳内部的结构相当复杂。通过观测和理论研究，天文学家得到了一个大致的图像。图 2 显示了太阳内部的分层结构。位于太阳中心的是产生核聚变的日核和辐射区，而外部是对流层。二者之间的旋切层被认为是太阳强磁场产生的孕床。其对流层顶之上是太阳大气的光球、色球、过渡区和日冕，发生于其中的最典型的活动对象黑子、日珥和耀斑已在图中标明。

▶图 2 从太阳内核到辐射区和对流层的分布
本图中的结构已按实际大小等比例缩小
来源：维基百科，https://upload.wikimedia.org/wikipedia/commons/c/c6/Sun_parts.jpg

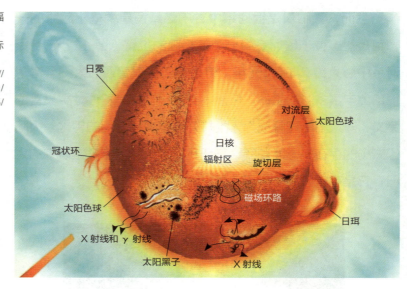

太阳黑子的发现：从伽利略到黑尔

太阳黑子作为太阳磁场和太阳活动最显著的标志，首次被人类通过望远镜观测到，是由伽利略在 1610 年实现的。我们的祖先在公元前 28 年就有了太阳黑子的书面记录。太阳黑子的 11 年周期，即太阳活动周，由施瓦布（Schwabe）于 1843 年发现。然而，直到 1908 年，黑尔（Hale）才基于物理学中的塞曼（Zeeman）效应，对太阳黑子进行光谱学诊断，发现了太阳黑子的强磁场。这是人类第一次用物理学原理和方法研究天体对象，也是人类第一次在地球之外发现磁场。这一发现标志着太阳物理学，或确切地说，天体物理学的诞生。黑尔本人创造了英文单词 Astrophysics，创办了著名的天文学期刊《天体物理学杂志》（The Astrophysical Journal）。

人类对太阳的研究要早于其他天体物理对象，许多发现已耳熟能详。

那么，我们是否可以不必再花时间在太阳研究上了？实际上，太阳物理中还有许多难题，而这些难题对暗弱和遥远的天体有相当的普遍性，如其中最重要的一个问题就是太阳磁场从何而来。

太阳磁场起源

正是因为磁场的存在才使得太阳上具有了众多天文现象。磁场和等离子体相互作用，在太阳大气中产生了美丽缤纷的结构，驱动了激烈的活动现象，形成膨胀的高温日冕和太阳风（图 2）。物理学家莱顿（R. B. Leighton）说过，太阳如果没有磁场，就会成为一个枯燥的对象。然而，直到 1955 年，帕克（Parker）才从第一原理出发导出了一个发电机方程，通过求解解释了如太阳磁场起源和黑子 11 年周期的诸多现象。

把这一理论建立在更坚实基础上的是以德国学者施滕贝克（Steenbeck）为首的研究者，他们通过认知湍动等离子体的统计性质，发展了平均场的磁流体力学理论。在帕克提出发电机方程的同一年，贝博库克父子（Babcock & Babcock）发现了太阳的极区磁场，即太阳的普遍磁场，通常被称为极向磁场。太阳活动周被描述成太阳极向磁场与以太阳黑子为代表的环向磁场交替产生循环往复的过程（图 3）。

从太阳磁场演化的观测分析出发，贝博库克和莱顿提出了磁通量输运发电机的思想。由于黑子群的前导和后随极性浮现时，其磁轴对于赤道方向几乎都有一个倾角，超米粒对流元的随机游动和太阳经向环流（meridional flow）会将后随极性的磁通量向极区输运，形成新的极向磁场分量。这种从环向

▶图 3 过去三个太阳活动周太阳极向磁场和太阳环向磁场的变化（姜杰提供）
纵轴左为极区磁通量密度（单位高斯），纵轴右为月黑子相对数。粗实线和虚线分别描述北极和南极磁场强度的变化，红线是太阳黑子相对数。图中可见，在约为 11 年的太阳黑子周期内，南北两极的磁场出现一次极性反转；经过两个黑子周期，极区磁场极性才得以恢复。这一太阳两极磁场极性和强弱的周期被称为太阳 22 年磁周期

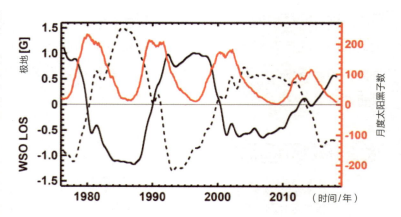

磁场产生极向磁场的机制被称为贝博库克—莱顿（BL）机制，等效于平均场理论中涡旋对流的 α 效应，被称为贝博库克—莱顿 α 效应。

　　磁通量转移发电机主导了近十几年太阳发电机研究的方向。图 4 大致描述了磁通量转移发电机是如何运行的。国家天文台研究员姜杰及其合作者曾详细讨论了磁通量输运发电机中主要的物理过程。

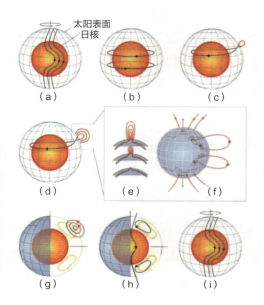

▶图 4　磁通量输运发电机运行示意图（Dikpati 提供）
太阳极向磁场因较差自转形成太阳环向磁场（第一排），环向磁场浮现到太阳表面，其磁轴的倾斜提供了新的极向磁场分量（第二排），通过经向环流和超米粒随机游动，环向磁场的后随分量向极区输运，形成新的极性相反的极向磁场（第三排），极区磁场出现极性反向，使太阳活动周期得以循环往复

太阳磁场起源的谜团

经过近百年的努力，我们掌握了一个理解太阳磁场产生和变化的物理框架。然而，正如美国的《科学》（*Science*）杂志在创刊 125 周年时指出，人们依然无法按照现有的理论，模拟再现太阳活动的 22 年磁周期。或者说其中关键的细节依然在我们掌握之外，又或者是我们需要一个全新的理论从头来过。太阳 22 年磁活动周的产生机制，因而被选为未来 25 年人类必须回答的 125 个重大科学问题之一。除此之外，下面简单列出目前太阳磁场发电机理论研究的其他几个关键问题。

平均磁场不等于真实磁场

现有的理论是针对太阳平均磁场的，无法描述真实磁场的起源和演化。例如，磁通量输运发电机研究仍限于两维、轴对称的情形，描述的是每个太阳自转周平均磁通量密度随纬度和时间的演化。人们熟知的太阳活动区强磁场和重大太阳活动常出现在特定的"活动经度"或"活动穴"内的事实无法得到解释。

发电机理论的缺陷

现有的研究局限于运动学发电机。对磁场产生起决定性作用的较差自转（differential rotation）和经向环流，是基于日震学观测事先给定的。发电机理论中的随机性和非线性，也是基于活动区观测经验引入的。我们离建立和求解动力学发电机方程的目标还相差甚远。

磁扩散

发电机理论中起决定性作用的对磁扩散（magnetic diffusion）的理解是非物理的。在数值模拟中，磁扩散被简单地处理成磁通量的代数和相加。不同于灰尘之于大气、溶质之于溶液的扩散，发电机理论中的磁扩散，有磁拓扑的改变和磁通量的湮灭（如磁重联）。磁扩散系数应当由等离子体湍动性质导出和决定。

孟德尔极小现象

我们对太阳和恒星中的孟德尔极小现象（图5），即在太阳和恒星15%～25%的生命周期中，会出现没有磁场和磁场很弱的现象，还没有一个可靠的解释。我们不但不知道其产生的原因，更不知道"正常"的磁活动如何从几无黑子的状态中复苏。图5描述了2006年开始的太阳活动"巨极小"和"微极大"的罕见情形。有学者怀疑，一个新的太阳孟德尔极小期正在到来。

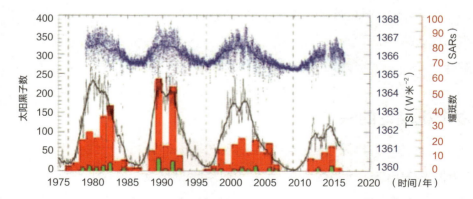

▲图5 从2006年开始太阳"巨极小"和"微极大"现象（陈安芹提供）
黑子相对数（黑实线）、太阳总辐射（蓝色点、实线）、超级太阳活动区（绿色直方图）和X级强太阳耀斑（红色直方图）变化图示

太阳内部结构和动力学

对参与太阳发电机过程的太阳内部结构和动力学，我们所知甚少。如经向环流，其只在太阳表面有测量。不止一个经向环流的报道对太阳磁通量的产生和输运提出了新的挑战。同时，对于旋切层的性质也仍在研究中。

结 语

太阳因磁场的存在变得绚丽多姿，而太阳磁场变化引起的剧烈活动对地球、行星际和太阳系天体产生的影响更是跨学科的重大科学难题。尽管对太阳磁场的研究还有许多问题悬而未决，但它已经为探究宇宙尺度上的磁场起源起到了重要的启示作用。更多的恒星磁场已被定量测量，银河系的磁场已被初步成像，对河外星系和宇宙早期的磁场研究也是天文学研究的前沿领域。磁场无疑是天文学中非常棘手而又引人入胜的基本问题之一。

参考文献

［1］ 姜杰，汪景琇，张敬华，等.驱动太阳磁周期的原因是什么
       ［J］.科学通报，2016，61（27）：2973-2985.

［2］ BABCOCK H W, BABCOCK H D. The Sun's Magnetic Field,
       1952-1954［J］.Astrophysical Journal, 1955, 121(4):349.

［3］　BABCOCK H W. The Topology of the Sun's Magnetic Field and the 22-
　　　　YEAR Cycle ［J］. Astrophysical Journal, 1961, 133(2):572.

［4］　BERDYUGINA S V, MOSS D, SOKOLOFF D, et al. Active longitudes,
　　　　nonaxisymmetric dynamos and phase mixing ［J］. Astronomy &
　　　　Astrophysics, 2006, 445(2):703-714.

［5］　DIKPATI M, TOMA G D, GILMAN P A. Predicting the strength of solar
　　　　cycle 24 using a flux - transport dynamo - based tool ［J］. Geophysical
　　　　Research Letters, 2006, 33(5):343-357.

［6］　EDDY JOHN A. The Maunder Minimum ［J］. Science, 1976,192, 1189.

［7］　HALE G E. On the probable existence of a magnetic field in sun-spots ［J］.
　　　　Terrestrial Magnetism & Atmospheric Electricity,1908, 13(4):159-160.

［8］　JIANG J. CAMERON, R H. SCHUESSLER M. The Cause of the Weak Solar
　　　　Cycle 24 ［J］.Astrophysical Journal, 2015, 808(1).

［9］　LARMOR J. How could a rotatingbody such as the Sun becomes magnetic
　　　　［R］. Published in Report of the British Association for the Aduancement of
　　　　Science & the Meeting, 1919:159-160.

［10］　LEIGHTON ROBERT B.Transport of Magnetic Fields on the Sun ［J］.
　　　　Astrophysical Journal, 1964,140(4)：1547.

［11］　LEIGHTON R B. A Magneto-Kinematic Model of the Solar Cycle ［J］.
　　　　Astrophysical Journal,1969, 156(156):1.

［12］　PARKER E N. Hydromagnetic dynamo models ［J］. Astrophysical Journal,
　　　　1955, 122(122):293.

［13］　SCHWABE H. Sonnen-Beobachtungen im Jahre 1843 ［C］// Some Aspects
　　　　of the Earlier History of Solar-Terrestrial Physics. Some Aspects of the
　　　　Earlier History of Solar-Terrestrial Physics, 2004:234–235.

［14］　STEENBECK M, KRAUSE F, RÄDLER K H. Berechnung der mittleren

Lorentz-Feldstärke, für ein elektrisch leitendes Medium in turbulenter, durch Coriolis-Kräfte beeinflußter Bewegung ［J］. Zeitschrift Fur Naturforschung A, 2014, 21(4):369.

［15］ZHAO JUNWEI, BOGART R S. KOSOVICHEV A. G.et al. Detection of Equatorward Meridional Flow and Evidence of Double-cell Meridional Circulation inside the Sun ［J］. Astrophysical Journnal Letters, 774(2)：1201-1205.

［转载自《赛先生》公众号（newsicence），略作修改］

作者：汪景琇，国家天文台研究员，中国科学院大学资深讲席教授，中国科学院院士。主要从事太阳磁场和太阳活动研究。

▲国家天文台怀柔观测基地太阳多通道望远镜
来源:《中国国家天文》供图（王晨 / 绘）

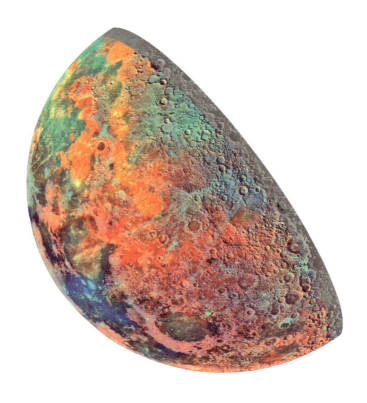

"外星人就在月球背面，他们占据了月球背面，监视地球上人类的活动，而人类却永远找不到他们的踪迹"；"月球是外星人建造的人造天体，月球内部是空心的，是外星人居住和工作的场所"；"月球背面有外星人的城市、秘密武器制造基地"；"月球背面外星人的 UFO 活动频繁"；"外星人曾经警告'阿波罗 –11 号'的登月宇航员阿姆斯特朗和奥尔德林，要他们'关爱生命，远离月球'"；"外星人曾经劫持了第二次世界大战时期美国的轰炸机，将它放置在月球背面的一个撞击坑里"……

图片来源：维基百科，https://upload.wikimedia.org/wikipedia/commons/2/21/Moon_Crescent_–_False_Color_Mosaic.jpg

09
诡异的月球背面

欧阳自远

由于在地球上永远看不到月球背面的真实面貌，关于外星人就在月球背面的各种离奇传闻越来越多，并在各种新闻报道、各类影视剧和网络上盛传，国内外出版了众多的如《外星人就在月球背面》的图书。这类新闻报道、文章、录像影片和图书是任意杜撰还是确有事实依据？这一切使人们对月球背面产生了神秘、恐怖和诡异感。

为什么在地球上永远看不到月球的背面

月球是地球唯一的天然卫星，月球逆时针自转的同时，围绕地球逆时针公转。由于潮汐锁定，月球自转一周的周期与围绕地球公转一周的周期相等，约为 28 个地球日。最终形成了月球始终以正面朝向地球而背面始终背向地球的天文现象。因而，在地球上永远只能看到半个月球。由于月球的天平动，在地球上能看到 59% 的月面，月球"背面"边缘的极少部分有时能被看到，但永远看不到月球背面的整个容颜（图 1）。

由于月球的自转周期与绕地球的公转周期相等，月球绕地球公转一周

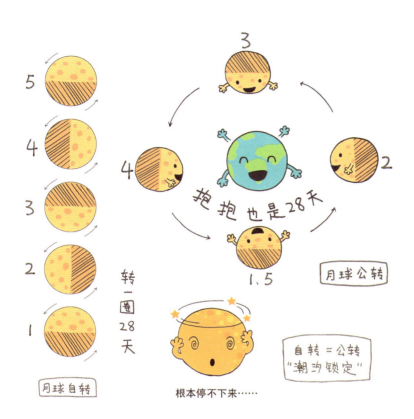

◀图 1　月球的公转与自转
来源：国家天文台供图
（陈雷文 / 绘）

的时间约为 28 个地球日，接近于地球上一个月的时间；月球自转一周的时间是月球的一天，接近地球上的一个月。因而，月球正面面向地球一侧的白昼与黑夜约各占地球的半个月。

月球的表面环境

　　月球的表面没有大气层包围，近于超高真空，因而月球表面不刮风、不下雨，空中没有云层，也没有任何天气变化。无论是白昼还是黑夜，月球的天空都是漆黑的，月球天空中的

▲图2 "嫦娥三号"着陆器在月面拍摄的地球

星星是明亮的，一颗硕大的蓝色星球有时呈现出弯月形，有时是球形，经常出现在月球的视野里，她是月球天空中最美丽、繁衍着生命和智慧的地球（图2）。

月球曾经有过一个全球性的内禀偶极子磁场，从月球的岩石中仍然能够测出古老的剩磁，可以反演出月球古老的全球性内禀磁场强度和磁力线的方向变化，这表明月球曾孕育过包裹月球的磁层。对月球古老岩石的古地磁研究证明，距今30亿年前，月球的全球性内禀磁场消失了，月球空间的磁层也消失了，因而月球表面受到的宇宙辐射比较强。

月球表面没有大气层，没有介质传导声音，因而月球表面是一个没有任何声响的世界，是一个死寂的世界。月球表面也没有温度的传导，月球表面白昼的平均温度为107℃，夜晚为-153℃。白天被太阳照着的部位，温度高达120℃。被太阳照着的物体的阴影处，温度低至-150℃。月球的夜晚，其表面的温度为-180 ~ -160℃。

月球的表面面积约3800万千米^2，相当于中华人民共和国版图面积（960万千米^2）的4倍。月球上没有任何生命，甚至连复杂的有机化合物也没有被发现。

月球正面与背面的差异

自1906年望远镜被发明以来，意大利物理学家伽利略首先用望远镜进行了月球观测。月球正面布满了暗色的巨大斑块，伽利略认为这些暗色的大斑块是月球上的海洋，由于海水反光弱，呈现出暗色的斑块。当时这些暗色斑块被命名为"月海"，如"雨海""丰富海""静海""风暴洋"等。其实月球表面一点液态水也没有，这些巨大的暗色斑块是在 39 亿年前，月球遭受大量小天体撞击时，在月球表面被挖掘出的一些巨型撞击盆地。在盆地底部产生了大量很深的裂隙，诱发了月球内部的岩浆喷发和溢出，使得大量火山爆发。火山喷出和溢出的熔岩流是暗色的玄武岩。玄武岩溢出后填平了撞击盆地的底部，形成了广阔的平原。由于玄武岩颜色深暗，呈现出众多"月海"的奇观，这里也是自古以来流传的"广寒宫""吴刚伐桂""玉兔拜月"等神话形象的原型。

▼图 3　月球正面
暗色斑块区域为月海，浅色区域为月陆

月球正面颜色明亮的部分被称为"月陆"。是由月球早期岩浆分异形成的斜长岩，这类岩石颜色较浅，反射太阳光比较强（图 3）。

1959 年，苏联发射的"月球 3 号"绕月运行的月球卫星，拍摄到了月球背面的图像，这是月球的背面第一次向世人展露真容，可惜的是，限于当时的技术能力，拍摄的图像不够清晰（图 4）。

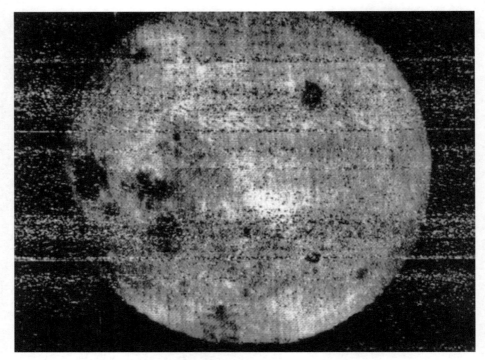

▲图4　1959年苏联的"月球3号"拍摄的月球背面第一张全图

相继进行的月球探测所拍摄的月球背面的图像越来越清晰。特别是2010年10月1日中国发射的"嫦娥二号",拍到了7米分辨率的月球全球影像图,在空间分辨率、影像质量、数据的一致性和完整性方面,是目前最高水平的全月球数字影像图。

月球正面与背面的地形差异很大:月球上一共被命名了22个月海,约占月球表面积的25%。绝大部分月海分布在正面,月球正面月海占有的总面积接近月球正面的50%。月球背面分布有东海、莫斯科海和智海,但以月陆为主。月海是宽阔的平原,地形较平缓,月陆又被称为月面的高地,地形起伏较大。总体而言,月球正面地形较为平缓,背面更为崎岖不平,地形复杂。组成月陆的岩石主要是斜长岩,形成年代距今40亿~41亿年,月海玄武岩形成年代距今31亿~39亿年,所以月陆比月海古老，其裸露在月表的时间更长，撞击坑的分布密度更密集（图5、图6）。

　　2019年1月，"嫦娥四号"实施了人类首次软着陆到月球的背面。有媒体报道称：月球背面永远是暗无天日、永远是黑暗的；"嫦娥四号"的闪光灯将首次照亮月球的黑暗面……这些完全是误解，其实月球的正面和背面都有相等时间的白天和黑夜。并且，由于月球背面比月球正面月陆多，月海少，所以月球背面的白天比月球正面的白天还要亮。

　　月球背面与月球正面的最大差异，突出表现在月球正面

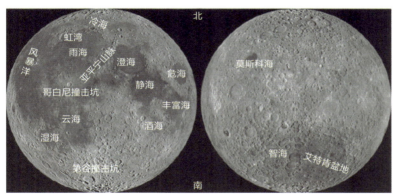

月球正面　　　　　　　月球背面

◀图5　月球正面与背面地形图以及月海分布图

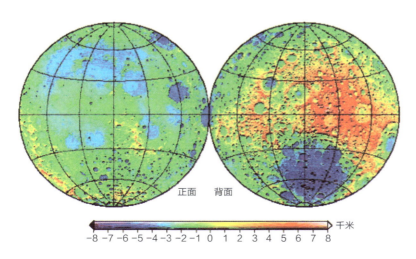

正面　　背面

千米
-8 -7 -6 -5 -4 -3 -2 -1 0 1 2 3 4 5 6 7 8

◀图6　"嫦娥一号"绘制的月球正面与背面的三维立体图

完全屏蔽了地球电磁波对月球背面的干扰，月球背面处于天然的电磁波"洁净"环境。来自宇宙空间低于 5 兆赫的电磁波（这种甚低频的辐射，几乎在任何时段和区域都难以通过地球的电离层到达地面），在月球正面也会受到严重干扰。因此，只有在月球背面进行甚低频射电天文观测，才能获得非常"干净"的甚低频电磁波谱。在月球背面通过月基甚低频天文观测研究太阳爆发、太阳系行星的低频射电场、地外行星射电观测、"聆听"来自宇宙大爆炸后几千万年到上亿年的"声音"提供了优质的场地。

月球背面的外星人传说

"月球是外星人制造的天体，月球中心是空的，是外星人的住所。"月球表面的各类岩石，经同位素年代学测定形成于 42 亿～ 30 亿年前，月球形成于 45 亿年前，其表面的岩石由各种岩浆活动形成，也就是说，外星人应该在 45 亿年前开始建造月球，一直延续至今。

"月球是空心的。"利用阿波罗载人登月计划在月面埋设的多台月震仪接收月震和小天体撞击月球产生的弹性波传播速度与方位，证明月球具有一个半径约为 700 千米的月核，月幔的厚度约为 1000 千米，正面的月壳厚度约 60 千米。月震的震源深度为 800 ～ 1200 千米。由于月球背面主要是由古老的斜长岩组成，根据对月球演化历史的研究推测，月球背面的斜长岩月壳的厚度可能达到 100 千米。以上充分证明月球是实心的，且月球内部结构与地球类似，结构包括月核、月幔和月壳。月球内部物质的分布随着深度的增加，物质的比重也在增加，由此证明，月球曾经发生过内部熔融，物质按比重大小的重力分布，重的下沉，轻的上浮。不容置疑，月球是实心的（图 7）。

"外星人劫持了一架第二次世界大战时期美国的轰炸机，放置在月球背面的一个撞击坑里。"1988 年 4 月 5 日，著名的美国《世界新闻周刊》

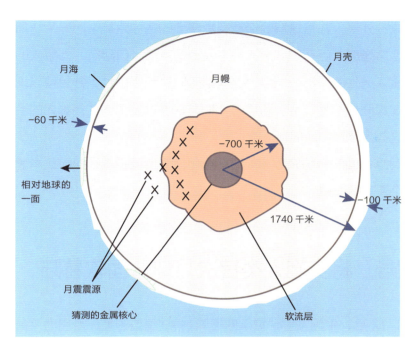

刊登了"在月球上找到了第二次世界大战时在百慕大上空失踪的一架美国轰炸机"的报道。消息刊出，轰动世界。放置美国轰炸机的代达罗斯撞击坑（Daedalus crater）的坐标为月球背面的南纬 5.9 度，东经 179.4 度，撞击坑的直径为 93 千米，深度为 3 千米。按比例，轰炸机的机身长度约为 50 千米，两翼的宽度约为 50 千米，人类不可能制造出如此巨大的飞机。飞机是利用空气动力学的原理飞行的，月球表面是超高真空的，飞机不可能飞行。显然这是伪造的照片和报道（图 8）。

截至目前，笔者收到了 100 多张

▼图8 1988 年 4 月 5 日《世界新闻周刊》关于月球背面消息的报道

各地网友发来的外星人在月球背面活动及其建造的各种建筑物的照片，如月球背面的金字塔群、巨石阵、进入地下基地的月面入口建筑、外星人的发电站和外星人居住的城市……以上这些都可以找到原照片，并且可以确定这些都是在原照片的基础上，利用图片处理软件增加了一些外星人的活动的情景，这些全部是伪造的。

诡异的月球背面的一切完全是人们肆意伪造的传说，现在应该正本清源，还它一个真实的面貌。

"嫦娥四号"将实施人类首次月球背面软着陆

2018 年 12 月，中国发射"嫦娥四号"，中继星位于地—月引力平衡的拉格朗日 L_2 点，实施地球与月球背面的通信联系和月球背面的测控任务，着陆器和月球车将软着陆月球背面开展联合科学探测。

地球与月球背面有生以来从未谋面。由于月球正面的隔阻，在地球上永远不能直接看到月球背面，也无法直接进行通信联系。一般的设计是发射中继绕月卫星，中继星绕月球运行至正面时，与地球建立通信联系，获得地球指令，传给地球探测数据；当中继星绕月球运行至背面时，传输地球指令，实施测控运行和接收科学探测数据。中继星不能同时联系地球与月球背面，只能延时处理通信联系。如果中继星设置于地—月引力平衡的拉格朗日 L_2 点，距离月球背面约 6.5 万千米，则永远直接面对月球背面，同时也能看到地球并与地球进行实时直接通信联系（图 9）。

2014 年 10 月进行的"嫦娥五号"再入返回飞行试验，轨道器携带的返回舱采用半弹道跳跃式再入返回地球大气层试验成功后，轨道器返回月球并抵达地—月引力平衡的拉格朗日 L_2 点后，拍摄的月球背面和地球的照片证实了上述设想（图 10）。"嫦娥四号"的总体布局如图 11 所示。

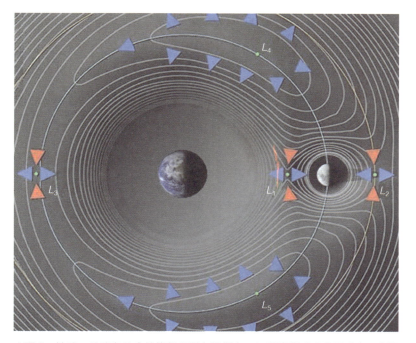

▲图 9 地球—月球有 5 个拉格朗日引力平衡点，L_2 距离月球 6.5 万千米，直接面对月球背面

▲图 10 2014 年 10 月进行的"嫦娥五号"再入返回飞行试验拍摄的月球背面和地球的照片

　　"嫦娥四号"的探测器包括着陆器与月球车，软着陆月球背面，开展"巡天和测月"的科学探测任务，特别是利用月球背面的特殊环境，首次实现月球背面的甚低频巡天观测，开展对月球背面的月面环境、地形地貌、物质组成、月尘活动与浅层结构探测，将获取一系列新的科学探测成果，为月球与行星科学的新发展和深空探测技术的改进做出新贡献（图 11）。

▲图 11　"嫦娥四号"各探测器工作状态

作者：欧阳自远，中国科学院院士，中国月球探测工程首任首席科学家。主要从事陨石学与天体化学、月球与行星科学研究。

　　人类探索太空的历史已经有60年了，自1957年人类发射第一颗卫星以来，近6000次发射已将超过8000颗卫星送入地球轨道，失效卫星、火箭残骸、卫星运行过程中的垃圾等飘浮在太空中，形成了太空垃圾。而卫星和火箭残骸的破裂、解体以及这些物体间的碰撞，使得60年前原本洁净的太空垃圾横行。空间碎片便是人类这些航天活动产生的垃圾。

图片来源：国家天文台供图（元博／绘）

10
如何应对空间碎片的威胁

刘 静   江 海

空间碎片的来源

人类探索太空的历史已经有 60 年了，自 1957 年人类发射第一颗卫星以来，近 6000 次发射已将超过 8000 颗卫星送入地球轨道，失效卫星、火箭残骸、卫星运行过程中的垃圾等飘浮在太空中，形成了太空垃圾。而卫星和火箭残骸的破裂、解体以及这些物体间的碰撞，使得 60 年前原本洁净的太空垃圾横行。空间碎片便是人类这些航天活动产生的垃圾。

越是卫星密集的轨道，空间碎片的数量越多。高度在 2000 千米以下的近地轨道 LEO，20000 千米的中地球轨道 MEO，36000 千米的地球同步轨道 GEO 是空间碎片密集运行的区域（图 1）。

目前能够被跟踪到的直径大于 10 厘米的空间物体超过 20000 个，这些空间物体中只有约 5% 是仍在工作的航天器，其余 95% 为空间碎片，其中包括 15% 的失效卫星，18% 的运行相关碎片和火箭残骸，62% 的解体碎片。尺寸越小的空间碎片数量越多，据估计，尺寸为 1 厘米的空间碎片超过 50 万个，而大于 1 毫米的空间碎片超过 1 亿个。卫星运行过程中遭遇各类空间碎片的概率很高，受损的可能性非常大。

▲图 1　被"垃圾"笼罩的地球
人类航天活动最为频繁的低轨和地球同步轨道区域空间碎片最多

空间碎片的危害

超高速撞击的巨大破坏力

　　作为地球的卫星，空间碎片通常以第一宇宙速度运行。以同样大小的速度运行的卫星如果不幸被一块直径 1 厘米的小碎片撞到，所造成的破坏力相当于被 1 吨重的卡车所撞，基本可令卫星粉身碎骨。即使直径小至毫米或微米的碎片对卫星在轨运行的危害也是巨大的，大量与航天器碰撞的小碎片会造成卫星表面的砂蚀或穿孔，改变卫星表面的性能，或造成器件损伤，甚至彻底毁坏（图 2）。

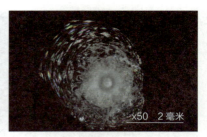

▲图 2　美国发射的长期暴露装置

在轨运行 5.7 年，回收后发现肉眼可见的撞击凹陷数超过 32000 个

来源：NASA，https://orbitaldebris.jsc.nasa.gov/photo-gallery.html；

NASA，https://orbitaldebris.jsc.nasa.gov/photo-gallery.html；

NASA，https://appel.nasa.gov/2010/01/01/the-greening-of-orbital-debris/

大型碎片陨落的威胁

　　空间碎片还可能对地面人员和财产安全造成威胁。众所周知，低轨道碎片受到大气阻力的作用，运行高度会逐渐降低，当运行到 120 千米以下区域时，会加速下降，直至进入地球大气层，大部分碎片会因摩擦燃烧而被烧蚀，偶尔一些大碎片未被完全烧蚀而掉落地面，这些类似陨石的"天外来客"可能会落到人口稠密区，严重的会造成人员重大伤亡或损毁建筑物。大大小小的空间碎片陨落事件每天都在发生，其中不乏大型失效卫星和碎片，它们对人类的威胁时刻存在（图 3）。由于陨落地点和时间具有极大的不确定性，所以每有大型碎片陨落，全球各国都会将其作为重大威胁事件予以极大关注。如 2011 年一颗如公共汽车大小的美国高层大气研究卫星的陨落，就引起了全球恐慌。所幸其最终落入了海洋，未造成人、物的损伤。

▲图 3　陨落的空间碎片

每年约有 400 个空间碎片进入地球大气层，其中的大型碎片，将严重威胁地面安全

来源：NASA，https://orbitaldebris.jsc.nasa.gov/photo-gallery.html

可怕的 "雪崩效应"

大量碰撞解体产生的空间碎片在太空高速飞行，增加了再次发生碰撞的可能性，碰撞碎片的不断产生对有限的轨道资源构成了严重的威胁。当某一轨道的空间碎片密度达到临界值时，碎片之间极有可能产生可怕的链式碰撞，形成"雪崩效应"，空间碎片数量急剧增加，卫星轨道资源将会遭到永久性破坏，人类对太空的探索和利用将不得不终止。

如何应对空间碎片的威胁？探测碎片、了解空间碎片的分布，精准预测、规避空间碎片的碰撞，有效防护、抵御空间碎片的碰撞，积极清除、减缓空间碎片的增长。以上是我们应对空间碎片威胁的重要举措，保持太空的洁净，是我们应当履行的责任，只有这样才能延续人类太空探索的步伐，维护人类太空活动的可持续发展。

探测和编目空间碎片的轨道

空间碎片的观测是通过雷达和望远镜来进行的。通常，低地球轨道的空间碎片用雷达来观测，而更高轨道的碎片则要用望远镜来观测。

望远镜探测

望远镜是传统的天体观测设备，它通过恒星本身发的光和行星反射恒星的光来进行观测。空间碎片本身不发光，所以必须同时满足以下三个条件才能被测到（图4）。

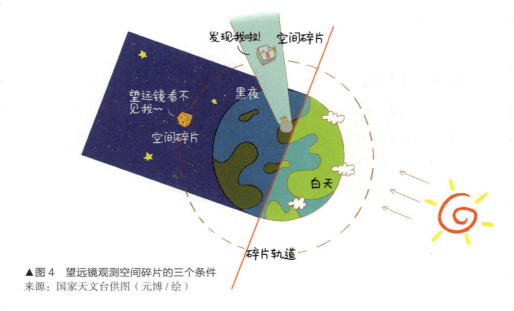

▲图4 望远镜观测空间碎片的三个条件
来源：国家天文台供图（元博／绘）

（1）碎片：空间碎片被太阳光照射时是亮的。

（2）背景：望远镜视场内的天空背景是暗的。

（3）目视条件：空间碎片处于望远镜的观测范围内且不被遮挡。

望远镜观测的限制条件使得只有在观测站处于晨昏时段，在地面上太阳已经落山，或还没有升起，天空是黑暗的，在高空运行的空间碎片仍在太阳光的照射下是亮的，同时天气晴朗，没有云层阻挡，才能看到碎片划过天空。一块碎片在运行过程中必然会存在三个条件不能同时满足的情况，这段时间被称为"不可见期"或"间歇期"，其长度与观测站的位置和碎片所在的轨道有关，数十天至百余天不等。

望远镜的探测能力与距离的平方成反比。望远镜的口径越大，能探到的碎片越小，因此常用大口径望远镜来探测高轨道的碎片，望远镜每次测量得到的信息是空间碎片的方位，并没有距离和速度信息，所以一次短暂的测量并不能完全确定空间碎片的位置，只有获得多次测量信息或有较长弧段的信息后才能更准确地判定它的轨道。

雷达探测

　　望远镜虽然可以有效地探测高轨道碎片，但无法突破大气条件和不可见期等光学探测的限制，雷达和望远镜不同，其采用"主动"的方式进行探测，由发射机发出一束无线电波，照射到空间碎片后被反射，由接收机接收反射电波，从而获得空间碎片特性。其优点是不受太阳光照和天空背景亮度的影响，无论是白天还是黑夜，是晴天还是阴天都能探测。

　　雷达的发射功率和天线增益决定了雷达探测的能力，发射功率越大、天线增益越高（天线尺寸越大），电磁波束能量密度越大，可探测的距离越远，能探测到的空间碎片越小。雷达探测能力和距离的四次方成反比。雷达通常用于探测低轨道的空间碎片（图5）。在3000千米距离上能探测1米^{2}碎片的雷达，在1000千米距离可以探测到10厘米的碎片，在500千米距离可以探测到3厘米的碎片。

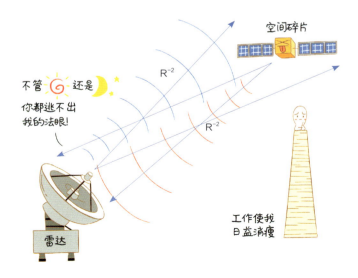

◀图5　雷达探测空间碎片示意图
来源：国家天文台供图
（元博/绘）

典型的空间碎片监测网络

鉴于空间碎片的轨道运动特性及其全空域分布的特性，仅靠单台、单类型设备是无法了解和掌握大量空间碎片态势的，要想随时掌握空间碎片的动态，预测每个碎片的运动态势和空间位置，必须建设大范围多站布局，多种类型设备组成空间碎片监测网络。目前，各航天国家都在建设自己的空间碎片监测网，或通过国际合作监测网络来应对太空碎片带来的航天安全问题。以美国的空间监测网为例，该网络由 30 多个全球布局的雷达和望远镜组成，可对低轨道区域尺寸大于 10 厘米和高轨道区域大于 50 厘米的空间碎片进行完备探测、跟踪及编目。对于尺寸小于 10 厘米的碎片，监测网中部分探测设备具有一定能力探测到，但尚不能常规跟踪并维持编目。未来几年，随着新研制的布局在南半球的空间篱笆投入使用，美国空间碎片编目目标最小尺寸有望从 10 厘米下降到 5 厘米，编目数量将由目前的23000 个增加至 200000 个。

俄罗斯具有较为完备的空间碎片监测网，其中用于中高轨空间碎片监测的国际科学光学网（ISON）取得的观测成果最为突出，具有很大的国际影响力。该网络是由俄罗斯凯尔迪什应用数学研究所组织建成的基于天文望远镜的监测网络。2001 年首次获得监测数据，自此通过自身发展和国际合作监测的数据量已颇具规模，目前已有百余台望远镜，对中高轨空间目标的编目数量超过 6000 个，超过美国空间监测网编目系统公布的目标数量。

规避空间碎片的碰撞

了解了空间碎片的轨道，就可以预测卫星会在何时何地遭遇空间碎片，提前采取措施就能规避空间碎片碰撞的发生。因此，规避空间碎片的碰撞有三个重要步骤：空间碎片探测、空间碎片交会分析和航天器规避机动。空间碎片探测主要依赖空间碎片监测网，空间碎片交会需要基于空间碎片和卫星的轨道进行计算预测和分析，卫星的规避机动则需要通过提前计算设定好的轨道变化量和速度增量，给卫星发送机动指令来完成。

空间碎片交会分析

两个空间物体沿着各自的轨道运行，发生碰撞的机会（即在同一时刻到达同一地点的机会）是很小的，大多数情况是"擦肩而过"。两个物体的距离由远而近，到达最小的距离，然后由近而远，这个过程称为"交会"。如果两个物体在两个不同的轨道面上运行，交会只可能在轨道面交线上发生。轨道周期接近的两个物体在第一次"擦肩而过"后，可能会反复多次近距离交会，有较多的碰撞机会。碰撞风险最大的空间碎片就是与卫星反复接近的碎片。在两个物体交会过程中，二者之间构成的交会关系由距离、运行方向、速度、速度之间的夹角来表征，我们称之为"交会几何关系"。交会分析过程中需要计算两个物体最近时的距离（交会距离），达到最近距离的时间称为"交会时间"，二者碰撞的可能性称为"碰撞概率"，由此来决策是否需要进行机动规避（图6）。

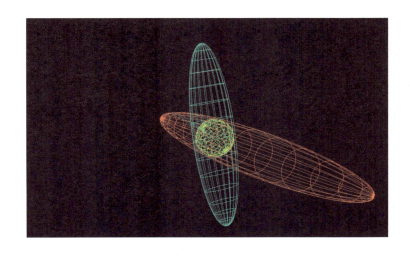

▼图6 航天器与空间碎片交会分析示意图

卫星的机动规避

在确认有可能发生碰撞后，需要利用卫星自身动力进行机动变轨，使之离开原有的与空间碎片有碰撞危险的轨道，转移到一条安全的轨道上。规避后的轨道必须经过严格复算，以保证新的轨道不会和其他碎片碰撞。由于改变卫星轨道面所需动力较大，通常会采用轨道面内的变轨。变轨所需要的速度增量和实施变轨的时间与到交会的时间间隔有关，一般来说，变轨时间离交会的时间间隔越长，需要的速度增量越小。在实际规避中需要的速度增量约为几米每秒的量级。规避碰撞一般有高度分离法和沿迹分离法两种（图7），依据交会时间和能量消耗综合权衡选取合适的方法。

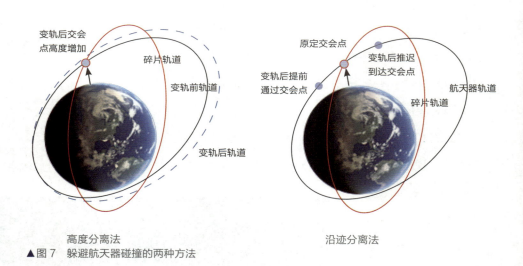

高度分离法

沿迹分离法

▲图7 躲避航天器碰撞的两种方法

高度分离法是改变卫星通过交会点时的高度以躲避和空间碎片碰撞。当机动变轨和交会时间之间不到半个周期时，卫星改变沿迹方向的速度，可增加交会时刻卫星和空间碎片之间的径向距离。这种方法对预报时间较短的交会最为适用。

沿迹分离法是改变卫星通过交会点的时间以增加卫星和空间碎片在沿

迹方向距离来躲避碰撞。在碰撞发生前几圈内，利用卫星几个
小的沿迹方向的速度增量进行机动变轨，以增加交会碰撞时刻
轨道沿迹方向之间的距离。如果预报时刻距碰撞时刻的时间间
隔足够长，从节省燃料的角度考虑，沿迹分离法较好。

▼图8　《联合国外空委
空间碎片减缓指南》
来源：源自 UNCOPUOS
文件，http://www.unoosa.
org/res/oosadoc/data/
documents/2010/stspace/
stspace49_0_html/st_
space_49E.pdf

空间碎片的减缓与清除

空间碎片的减缓

空间碎片数量持续增长，对人类航天活动的威胁逐渐增
大，所以规范人类航天活动，减
缓碎片的产生变得愈加重要。空
间碎片的减缓措施可以分为两大
类：一类是近期内减少生成具有
潜在危害性的空间碎片；另一类
是从长远上限制此类碎片的生
成。前一类措施包括减少产生与
飞行任务有关的空间碎片，并避
免解体和碰撞。后一类措施是从
卫星运行区域中清除失效卫星和
火箭残骸。针对第一类，联合国
于 2007 年发布了《联合国外空
委空间碎片减缓指南》（图 8）。

指南规定了以下七条措施
以减缓空间碎片的增长。

（1）限制在正常运作期间

分离碎片。

（2）最大限度地减少操作阶段可能发生的解体。

（3）限制轨道中意外碰撞的可能性。

（4）避免故意自毁和其他有害活动。

（5）最大限度地降低剩存能源导致的任务后解体的可能性。

（6）限制卫星和火箭在任务结束后长期滞留低地轨道区域。

（7）限制航天器和运载火箭轨道级在任务结束后对地球同步区域的长期干扰。

最新的研究结果表明，即使采取这些减缓措施，空间碎片的数量依然在增加。为了减缓空间碎片的增长，需要采取第二类措施，即从轨道中清除空间碎片。

空间碎片的清除

空间碎片的清除指利用多种技术手段主动将目标碎片从轨道带回地球，或促使其进入大气层烧毁，从而减少目标轨道上的空间碎片数量。空间碎片的清除需要以下三个步骤。

首先，利用精密跟踪设备及成像雷达系统来跟踪目标碎片，掌握其运动的精确轨道、姿态以及变化趋势。

其次，利用激光或雷达系统实时测距或测速，逐渐接近目标碎片。

最后，抓住目标碎片，将其带到较低的轨道或带回地面。

由于当前各项技术水平的限制，实施空间碎片清除难度很大，目前仅有一些构想和实验（图9）。

机械臂： 发射一枚卫星，机动接近目标碎片，用机械臂抓取碎片带回大气层。两颗卫星以极高的飞行速度与大气层摩擦，从而燃烧殆尽，不留任何痕迹。

飞网： 灵感来自基本的渔网概念。发射一颗连有一张薄金属网的卫星，网张开直径可达数千米，该网利用卫星的机械臂在绕地球飞行的同时捕捉空间碎片。之后，系绳与机械臂的前端脱离。在碎片收集过程中，该网将充电，并最终利用磁场将碎片拉回地球，在大气层中，该网与收集的垃圾一同焚毁。

附加火箭到大块的碎片：附加小型固态火箭发动机到大块的空间碎片，并利用这些火箭稳定目标，然后机动到碰撞风险较小的较低轨道。较低轨道的空气阻力较大，卫星在此轨道的衰减速度要比原来快得多。

阻力帆：发射一颗带有立方帆的卫星，展开后约为数十米见方，然后分两步进行垃圾清理：第一步：卫星用展开的帆将位于低轨道的太空垃圾粘住。第二步：卫星被大气阻力拖拽着，速度迅速衰减，连同粘住的太空垃圾，进入大气层烧毁。

利用激光将碎片推入近地轨道：利用地基激光器发出一

▼图9 几种典型的空间碎片清除方案

来源：http://www.esa.int/spaceinimages/Images/2013/04/Cleaning_space；http://www.esa.int/space-inimages/Images/2016/12/e.Deorbit_will_be_the_first-ever_active_debris_removal_mission3；https://steemit.com/space/@natord/space-debris-a-problem-without-a-solution；https://www.nasa.gov/sites/default/files/images/475613main_solar_sail_art.jpg；http://www.esa.int/space-inimages/Images/2013/04/Active_debris_removal

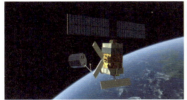

机械臂

飞网

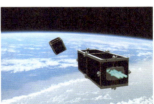

附加火箭到大块的碎片

阻力帆

利用激光将碎片推入近地轨道

　　束激光，照射在目标碎片背离地球的一端，使该部分气化，然后利用气体的反作用力推动太空垃圾朝地球的方向运动，最终使其进入大气层烧毁。

　　尽管清理太空垃圾前景诱人，但各种清除方案距离成熟实施差距还很大，目前航天界还未能找到一个在技术和经济上都行之有效的方案。因此，空间碎片的减缓措施仍是防止空间碎片增长的重要手段。应对空间碎片的威胁，减少空间碎片数量，为后人留下一个洁净太空，仍然任重道远。

一个 小碎片 引发的连环破坏案！

▲来源：国家天文台供图（元博／绘）

作者：刘静，国家天文台研究员，国家空间碎片科研专项专家组副组长（兼预警和数据应用组组长），机构间空间碎片协调委员会环境和数据库组中国代表。主要从事空间碎片监测和风险分析以及空间碎片环境模型研究。
江海，博士，主要从事空间碎片监测和监测设备效能仿真研究。

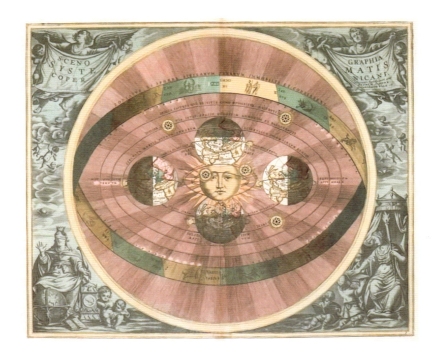

　　自人类诞生灵智以来，无数个漆黑的夜里，总有人仰望星空，或寂寞或惆怅，感叹着星空的浩渺和人类的孤独。约2300年前，希腊哲学家伊壁鸠鲁认为："有无数个世界，但是它们既像又不像我们的这个世界……我们必须相信，地球上有的，在其他世界也有。"然而，在人类已经登上并将重返月球、跑车飞往火星的今天，科学家在地球之外仍然没有找到任何生命迹象，更没有与任何智慧文明发生任何形式的接触。

图片来源：维基百科，https://upload.wikimedia.org/wikipedia/commons/8/85/Heliocentric_upscale.jpeg

11
如何搜寻太阳系以外的行星

王　炜

自人类诞生灵智以来，无数个漆黑的夜里，总有人仰望星空，或寂寞或惆怅，感叹着星空的浩渺和人类的孤独。约 2300 年前，希腊哲学家伊壁鸠鲁认为："有无数个世界，但是它们既像又不像我们的这个世界……我们必须相信，地球上有的，在其他世界也有。"然而，在人类已经登上并将重返月球、跑车飞往火星的今天，科学家在地球之外仍然没有找到任何生命迹象，更没有与任何智慧文明发生任何形式的接触。

幸运的是，人类于 20 世纪 90 年代在太阳系以外发现了围绕其他恒星公转的行星，即太阳系外行星。这 30 年来，随着技术的飞速发展，天文学家已经确认了 3700 多颗系外行星，包括约 40 颗类似于地球的、温度与大气适合发展生命的所谓"宜居带类地行星"，其中离我们最近的只有 4.2 光年（比邻星）。这样激动人心的探测结果，使得科学家、富商、公众都异常兴奋，人们开始期待这些"宜居带类地行星"上有智慧生物。更有甚者，"摄星计划"已经瞄准了比邻星，并计划在 30 年内发射飞行器，预计 2060 年到达比邻星。尽管此举福祸难料，尽管届时我已垂暮，但我依旧非常期待。总的来说，这么多系外行星的发现，尤其是"地球兄弟"的发现，为人类寻找地外生命提供了具体的探索方向。

　　那么，科学家是如何发现这些行星的呢？要知道，500年前的伟大先驱布鲁诺在《论无限宇宙和世界》中写道："有无数的太阳，在它们周围有类似的地球和七大行星。我们能看到恒星，因为它们大而且亮，但它们周围的行星我们是看不到的，因为它们小而且暗。这些行星不会比地球的生存条件更差。"这些猜想或许正确，或许错误，然而在那个时代是无法证实或证伪的。为了使读者更加清晰地了解行星探测到底有多难，我列出如下的数字：地球半径是太阳半径的 1/109，质量是其三十三万分之一，在肉眼可见波段（可见光波段），地球比太阳暗大约 10^{-43}，因此，不管从哪个物理量来看，地球都太小太暗，无法被直接观测到。木星半径大约是太阳半径的 1/10，质量约是太阳的 1/1000，在可见光波段是太阳亮度的两亿分之一。因此，想要直接看到类似木星的系外行星也是极难的。

　　探测行星最直接的方法就是直接"看"到行星。但恒星比行星亮太多了，"灯下黑"的效果非常显著，于是聪明的天文学家制作了星冕仪，用来挡住恒星的绝大部分光，从而可以看到绕其旋转的大质量行星。这种探测系外行星的方法称为直接成像法，但多以失败告终。随着硬件技术的改进和软件算法的优化，法国天文学家马华和他的研究团组于 2008 年首次利用此方法用 10 米口径凯克望远镜在年轻恒星 HR8799 周围发现了 3 颗行星（图 1），2 年后，美国喷气推进实验室（JPL）的一个团队利用更先进的涡状星冕仪、1.5 米口径望远镜获得了该系统更清晰的图像（图 2）。经过多年的观测，天文学家已经看到了这三颗星星的确在围绕中央恒星进行公转运动。截至 2018 年 4 月，人类利用直接成像法已经发现了 86

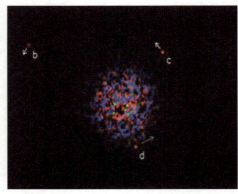

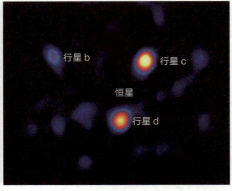

▲图 1　凯克 10 米望远镜获得的恒星 HR8799 及其 3 颗行星的图像
来源：马华等人 2008 年发表于《科学》杂志的科研文章，第 332 卷，5906 期

▲图 2　1.5 米望远镜获得的恒星 HR8799 及其 3 颗行星的图像
来源：NASA，网址：https://www.nasa.gov/images/content/444226main_exoplanet20100414-a-full.jpg

个系外行星系中的 93 颗行星。

　　公认的第一个系外行星系统是一个惊喜，因为其中心星是一个已经历过超新星爆发、正飞速旋转（周期 0.0062 秒）的中子星，它能发射很亮的、准直性很好的射电脉冲信号，因此，这类恒星又被称为毫秒脉冲星。1992 年，射电天文学家亚历山大·沃尔兹森与戴尔·弗雷合作，利用位于波多黎各的阿雷西博天文台 300 米口径射电望远镜，发现毫秒脉冲星 PSR B1257+12 的脉冲信号具有周期性变化（图 3）。沃尔兹森和弗雷认为，这种变化是因为有天体围绕脉冲星公转，从而引起脉冲星在天空中的位置发生了微小的移动，导致射电脉冲信号到达地球的时间发生了微小的变化（纳秒级别，见图 3）。通过计算，他们认为有 2 颗质量大约是地球 4 倍的行星在围绕它公转。2 年后，第 3 颗行星也被发现，其质量只有地球的 1/50。科学家们认为这些行星有可能是在主星发生超新星爆炸之后，在超新星遗迹中生成的。这种方法，我们称为精确计时法。人类利用它发现了 23 个行星系统，共 29 颗行星。遗憾的是，人们一般认为这类

行星上难以有生命诞生和发展。

　　精确计时法利用的是行星公转引起脉冲星位置变化从而使脉冲信号到达地球的时间发生了周期性的变化。那么，是否可以直接测量到行星公转引起恒星位置的变化呢？答案是肯定的，但是极其困难。我们先简单估算一下：类木行星围绕类太阳恒星旋转，若它的半长轴为 5 天文单位，距离为 10 秒差距，则行星对恒星位置振幅的影响为 0.5 微角秒，大约是人眼极限分辨率的八十亿分之一。目前地球上分辨率最高的望远镜是凯克望远镜（口径为 10 米）和欧洲南方天文台甚大望远镜阵（VLTI），它们的最小角分辨率是 20 微角秒，能探测到 10 秒差距范围内围绕 1 个太阳质量的恒星旋转、半长轴为 1 天文单位、质量为 66 个地球质量的行星。2002 年，Benedict G.F. 等人利用哈勃空间望远镜通过天体位置测量方法独立发现了已知行星 GL 876b 。2011 年，Lazorenko

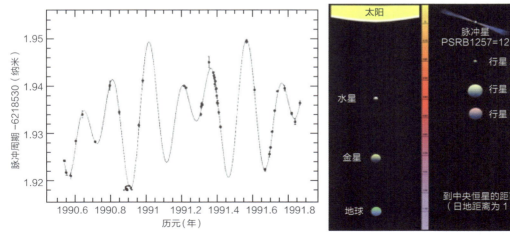

▲图 3　沃尔兹森和弗雷（1992）发现的 PSR B1257+12 周围的 2 颗行星造成的周期变化及示意图
来源：http://www.physast.uga.edu/~jss/1010/ch13/pulsar-planets.jpg

P.F. 等人首次利用天体测量方法在 VB 10 周围找到了一颗新行星。欧洲航空局（ESA）的 GAIA 空间项目自 2013 年 12 月开始在太空运行，预计持续工作 5 年，期待能发现一批新的系外行星。

行星公转除了引起恒星位置的变化，还会引起恒星相对于地球视向速度的变化。根据多普勒效应，速度的变化会导致恒星的谱线波长发生红移或蓝移（恒星远离地球时表现为红移，靠近地球时表现为蓝移）。因此，测量恒星谱线的移动可以搜寻系外行星，该方法称为视向速度法，它对大质量短周期的行星观测比较灵敏。第一颗类太阳恒星周围的行星是飞马座 51 b，由米歇尔·麦耶和迪迪尔·奎洛兹通过视向速度法发现，其质量为 0.45 倍木星质量，轨道半径约为 0.05 天文单位，其视向速度振幅约为 57 米 / 秒（图 4）。利用此方法发现的系外行星数已达到 748 颗，其中质量最小的是鲸鱼座 YZb，其质量为 0.75 倍地球质量，主星质量约为太阳质量的 1/8。图 5 展示了发现此行星的观测数据，其为目前最好的视向速度测量结果，精度约为 1 米 / 秒 。这一成绩非常了不起，它相当于要测量至少 4 光年外一个成年人（假设人足够亮）的步行速度。然而，地球对于太阳的视向速度扰动只有 8.94 厘米 / 秒，略快于蚂蚁逃生的速度，却

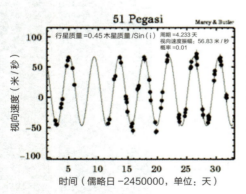

▲图 4　类木行星飞马座 51b 的视向速度变化曲线
来源：麦耶和奎洛兹于 1995 年发表于《自然》杂志的文章

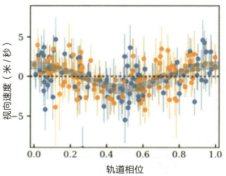

▲图 5　类地行星鲸鱼座 YZb 的视向速度变化曲线
来源：阿斯特迪耶及其合作者于 2017 年发表于《天文系和天体物理》杂志的文章

远低于目前最好设备的最高性能，因此，利用此方法无法发现类似太阳—地球这样的系统。这一残酷的现实不是因为视向速度方法技术不够先进，而是因为行星和恒星的质量比太小，如地球质量是太阳质量的三十三万分之一！

　　不过，地球人请不要沮丧！回头看看前文介绍的行星与恒星之间各种物理量的对比，你一定能想到寻找另外一个"地球"的更好方法。行星的亮度相对暗，质量相对小，但它们的个头（半径）相对恒星来说差距没那么显著，木星半径是太阳半径的 1/10，地球半径是太阳半径的 1/100，月球半径是太阳半径的 1/200。如果你有幸目睹过日食，如果你了解日食是由于月球挡住了太阳从而使得天空暗了下来，那么你也许会想到，会不会有"星食"呢？答案是肯定的，尽管这种事件需要一定的巧合，使得行星被恒星照射的影子正好扫过地球，造成恒星的光度发生小幅度的变化，光变形状类似于字母"U"（图 6）。由于距离遥远，地球必然会落在"星食"的伪本影区，因此看到的都是环食，这样恒星亮度变暗的程度约等

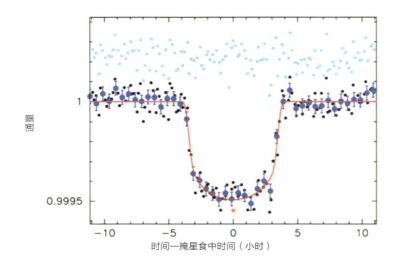

横轴：时间—掩星食中时间（小时）
纵轴：通量

◀图 6　位于宜居住带的类地行星 Kepler-22b 的光变曲线
此行星的光度变化率约为 0.5%，黑色实心圆为观测点，红色曲线为最好拟合曲线，空心圆为二者残差
来源：卜如科与其合作者于 2012 年发表于《天体物理学》期刊的文章

于行星与恒星截面积的比值，即二者半径的平方比。通过连续监测恒星光度的变化，寻找周期性的 U 形光变，从而搜寻系外行星，这种方法称为掩星法。天文学家利用此方法发现的第一颗行星是 HD 209458b，它是一颗短周期的（3.5 天）、比木星略小、温度很高（1460 开尔文）的行星，一般称为热木行星。这类行星数量众多，给理论天文学家带来了不小的麻烦，因为在离恒星那么近的地方，按照传统的行星形成理论是不应该有行星形成的。作为对比，木星的温度为 165 开尔文，公转周期为 12 年。自此以后，利用掩星法搜寻行星的地面和空间项目层出不穷，至今已发现了 2087 个行星系统中的 2796 颗行星，一举超过视向速度法，成为发现系外行星最多的一种方法。更为重要的是，这种方法找到了一些类太阳（光谱型为 G 和 K）恒星附近的"宜居带类地行星"，并且可以有机会研究这些行星的大气性质和化学成分，为探索系外生命信号提供了重要的手段和方向。

　　掩星法测量的是行星和恒星横截面积的比值，有没有什么办法是正比于行星与恒星半径的比值呢？很遗憾，据我所知是没有的，否则我们搜寻"宜居带类地行星"的路不会如此艰难。

　　最后一种主要的探测方法是微引力透镜效应法。遥远恒星发出的光子在传播到地球的过程中，"路过"前景的行星系统，由于恒星和行星的引力而发生偏转，形成了类似于凸透镜的系统。当行星位于恒星的爱因斯坦环内时，这种引力透镜的放大率最大。根据相对论，爱因斯坦环半径 $R_E = \sqrt{4GM \times DIC^2}$，其中取 C 为光速，$D = D_{OL}D_{LS}/D_{OS}$（D_{OL}、D_{LS}、D_{OS} 分别是观测者 O、透镜天体 L 和源天体 S 之间的距离），M 是透镜天体的质量。这种方法擅长在距离地球较远、银心方向的类太阳恒星周围 1 ~ 10 个天文单位搜寻行星，并且可以探测到地球质量的行星。近年，美国科学家甚至用它发现了银河系以外黑洞周围的一群行星！当然，微引力透镜法的缺点也很明显——无法重复观测，也几乎不可能被其他方法证

实或者证伪。人类已经利用此方法发现了 68 个行星系统，71
颗行星，它们基本都距离太阳系 4 千秒差距左右。

　　最后，总结一下目前人类发现的所有宜居带行星。图 7
展示了目前已知所有位于宜居带且可能存在液态水的行星。从
左到右，从上到下按照行星到地球的距离由近及远排序。它们
是天文学家行星搜索和研究的前进方向，期待更多的行星搜寻
和行星大气研究设备的上马，期待更多方法的提出和完善，更
期待有一天人类能发现地外生命。

　　翘首以待！

▲图 7　目前已知可能宜居和有望存在液态水的类地系外行星全家福
图中加上了木星、天王星、地球和金星的照片作为对比
来源：行星宜居性实验室 @ 波多黎各大学阿雷西博分校 (PHL@UPR Arecibo)

作者：王炜，国家天文台青年研究员，现任中国科学院南美天文中心副主任。主
要从事太阳系外行星的探测和刻画研究工作。参与撰写天文专业书籍《现代天体
物理》。

▲国家天文台兴隆观测基地 2.16 米光学望远镜

2009 年，中日科学家用这台望远镜发现了一颗系外行星

来源:《中国国家天文》供图（王晨／绘）

　　爱因斯坦在他的广义相对论的引力场方程中加入了一个"画蛇添足"的常数。这曾经令他懊恼不已。在他去世后的第 43 年，人们却发现他"蒙"对了。然而，最新的一项研究有了新的显示。

12
暗能量什么样
爱因斯坦只"蒙"对了一半

赵公博　王钰婷　张翰宇

　　爱因斯坦在他的广义相对论的引力场方程中加入了一个"画蛇添足"的常数。这曾经令他懊恼不已。在他去世后的第 43 年，人们却发现他"蒙"对了。然而，最新的一项研究有了新的显示。

　　29 年前，澳大利亚和美国的研究团队通过超新星观测，分别发现了宇宙加速膨胀的现象。这带来了人类对于宇宙的新认识，也带给人们一个新的谜题：宇宙加速膨胀的动力来自哪里？

　　科学家猜测，暗能量是宇宙加速膨胀的幕后"推手"。但它到底什么样？有什么性质？是爱因斯坦广义相对论中描述的真空能吗？为了解开这些难题，科学家前赴后继。中国科学院国家天文台近日发布的一项研究认为，暗能量并不像爱因斯坦描述的那样一直处于静态，而是和宇宙中的星系、恒星类似，随着时间演化。

不可分割的时间和空间

谈起牛顿，恐怕无人质疑他是有史以来伟大的科学巨匠之一。如果当时已经设立菲尔兹奖和诺贝尔奖，仅凭借发明微积分和发现万有引力定律，牛顿就能轻松拿下这两项世界科学大奖。

牛顿的万有引力定律在研究太阳系内的行星运动等方面取得了巨大的成就。例如，它准确描述了行星运行规律，并成功预言了海王星的存在。然而，万有引力定律也是有局限性的。

在牛顿看来，时空与物质的运动规律之间是完全独立的，即物质如同演员，而时空则为舞台。实验表明，基于这种绝对时空观建立的万有引力定律只适用于远低于光速运行的物体，以及处于弱引力场中的系统。对于高速运行的物体（如宇宙飞行器）或强引力场系统（如黑洞附近），牛顿力学则不再适用。

1887 年，科学家迈尔克逊与莫雷合作，设计并完成了一个精妙的实验。他们出乎意料地发现光速是不变的。这明显与牛顿力学中的速度叠加原理相矛盾。

天才爱因斯坦大胆提出，时间与空间不能割裂开来。物质的分布与运动会引起时空的弯曲，而时空弯曲的程度又会反过来影响物质的行为。这些"高大上"的相对论思想在当时超越了许多科学家的理解能力，因而并不被主流科学界所接受。

然而真理就是真理，随着对水星进动的完美解释到一项又一项有重大"显示度"的工作问世，爱因斯坦的相对时空观正式取代了牛顿的绝对时空观，奠定了现代宇宙学研究的理论基础，如图所示。

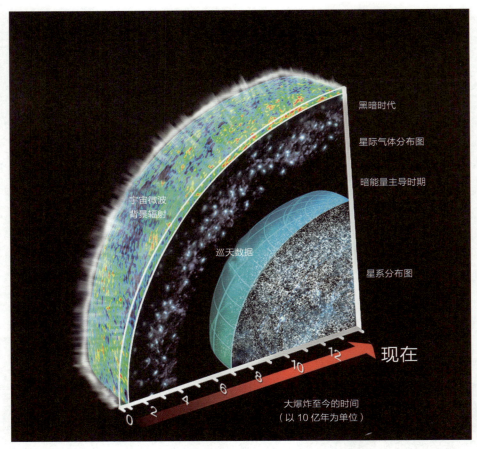

黑暗时代

星际气体分布图

暗能量主导时期

宇宙微波
背景辐射

巡天数据

星系分布图

现在

12

10

8

6

4

2

0

大爆炸至今的时间
（以 10 亿年为单位）

▲斯隆数字巡天（SDSS）第四阶段的 eBOSS 项目，将绘制宇宙诞生后 30 亿～ 80 亿年间星系
和类星体的分布图
来源：http://www.sdss.org/surveys/eboss/

宇宙加速膨胀的幕后"推手"

当爱因斯坦建立了著名的广义相对论引力场方程，天才的大脑马上意
识到，在他的理论中，宇宙的时空有两种归宿，其中一种是收缩、坍塌。
爱因斯坦当然无法接受宇宙这种自我毁灭的命运，于是，他试图修改他的
方程，以使得宇宙时空保持静态。为此，他在方程里加入了一项"宇宙学

常数"。简而言之，宇宙学常数，即真空能，可以提供一种有效斥力，用于抵消引力作用防止宇宙坍塌。

然而，命运与爱因斯坦开了一个不大不小的玩笑。1929年，美国科学家哈勃通过观测发现，宇宙并非静止，而是在膨胀！这正是最初的广义相对论方程描述的另一种宇宙归宿。爱因斯坦当时郁闷的心情可想而知。他对于自己引入宇宙学常数这种"画蛇添足"的行为万分懊恼，认为这是他一生中"最大的失误"。

令爱因斯坦更加没有想到的是，宇宙不仅膨胀，而且在加速膨胀！1998年，世界上两个超新星研究小组独立发现了宇宙的加速膨胀现象，并因此分享了2011年的诺贝尔物理学奖。而爱因斯坦的宇宙学常数可以提供等效斥力，刚好可以使得宇宙加速膨胀。这个发现足以让爱因斯坦欣慰，但这时距离这位伟人去世已经43年了！

宇宙加速膨胀背后的物理机制是当代科学的未解之谜之一。观测研究发现，宇宙中的物质（包括暗物质和普通物质）大概只占宇宙总能量的 1/3，而另外的 2/3 完全未知，因此被称为"暗能量"。作为推动宇宙加速膨胀的神秘力量，暗能量的本质至今尚未被揭开。

暗能量是静态的吗

虽然，目前暗能量的本质未知，但通过天文观测，我们得知了暗能量一些奇特的性质。例如，暗能量具有压强，并且是负压强，而普通流体的压强都为正值。这一点非常令人匪夷所思，这意味着当流体被压缩或拉伸时，压强会产生相反的作用力。而负压流体在被拉伸时，压强反而推动流体进一步被拉伸。

有趣的是，真空具有负压的性质。这是由于真空无法被稀释，当其体积被拉伸时，真空内能反而增大，会继续推动其体积被拉伸。因此，在宏观上，真空能（爱因斯坦的宇宙学常数）可以作为暗能量的候选者之一。

但在微观上，真空能作为暗能量却存在精细调节等一系列重大的理论问题。科学家一直在努力建立新的暗能量理论模型，并接受天文观测的检验。

在观测方面，科学家可以综合使用多种手段探测暗能量，如观测超新星、宇宙微波背景辐射、星系在宇宙中分布的成团性等。破解暗能量的密码在于观测暗能量状态方程 w 这个物理量，即暗能量压强与其能量密度的比值。对于真空能来说，该比值 w 恒等于 -1，而其他暗能量模型则预言 w 随时间演化。

近期，笔者与 20 余位国际合作者一起，对大量星系利用类似"人口普查"的方法，测定了宇宙在不同时期的膨胀速率。又结合其他类型的最新天文观测数据，重建了暗能量状态方程从约 100 亿年前到目前的演化历史。该研究发现，w 并非常数，而是随时间演化的，并围绕 -1 振荡。这与我国科学家张新民团队在 2004 年提出的"精灵"暗能量模型的预言相一致。这个结果意味着暗能量的本质有可能不是真空能，而是具有动力学性质的某种未知的能量场。

未来 5 ~ 10 年，国际大型星系巡天项目 eBOSS、DESI 等都将完成观测。这些"超级天眼"将通过对 2000 万个以上星系进行观测，绘制宇宙的三维图像。这些数据将帮助科学家准确测量宇宙时空的膨胀，以及宇宙大尺度结构的形成历史，将在更高的精度验证暗能量动力学性质，揭开暗能量的神秘面纱。

参考文献

［1］ RIESS A G, FILIPPENKO A V, CHALLIS P, et al. Observational Evidence from Supernovae for an Accelerating Universe and a Cosmological Constan［J］. Astronomical Journal, 1998, 116(3):1009.

［2］ PERLMUTTER S, ALDERING G, GOLDHABER G, et al. Measurements of Ω and Λ from 42 High-Redshift Supernovae ［J］. Astrophysical Journal, 2009, 517(2):565.

［3］ MICHELSON, ALBERT A.On the Relative Motion of the Earth and the Luminiferous Ether［J］. *American Journal of Science* 1887, 34: 333-345.

［4］ EDWIN HUBBLE. A relation between distance and radial velocity among extra-galactic nebulae［J］. PNAS USA. 1929, 15（3）, 168-173.

［5］ ZHAO G B, RAVERI M, POGOSIAN L, et al. Dynamical dark energy in light of the latest observations［J］. Science Foundation in China, 2017, 1(4).

作者：赵公博，国家天文台研究员，中国科学院大学天文与空间科学学院天文学系主任。2012 年入选中共中央组织部青年千人计划，2016 年获得英国皇家学会牛顿高级学者奖。主要研究方向为依托大型星系巡天的宇宙学前沿。
王钰婷，国家天文台副研究员。
张翰宇，肯萨斯州立大学博士研究生。

▲星系长城（喻京川／绘）

　　暗物质和暗能量是飘在现代物理学和天文学上空的"两朵乌云"。我们日常熟悉的各种东西，如花草、土石、水与空气，乃至组成它们的分子、原子甚至电子、光子等，只占整个宇宙组成的 5% 左右。目前的粒子物理标准模型也仅限于解释这 5%的宇宙组成，剩下的 95% 是由于它们的万有引力效应而被我们察觉的，暂时它们被称为暗能量（约占 70%）和暗物质（约占 25%），但它们的本质暂时并不为人所知。

13
暗物质的天体物理限制

巩　岩　陈学雷

引　言

　　暗物质和暗能量是飘在现代物理学和天文学上空的"两朵乌云"。我们日常熟悉的各种东西，如花草、土石、水与空气，乃至组成它们的分子、原子甚至电子、光子等，只占整个宇宙组成的 5% 左右。目前的粒子物理标准模型也仅限于解释这 5% 的宇宙组成，剩下的 95% 是由于它们的万有引力效应而被我们察觉的，暂时它们被称为暗能量（约占 70%）和暗物质（约占 25%），但它们的本质暂时并不为人所知。

　　从哲学角度来讲，暗能量并不是通常物理学中所说的"能量"，而是一种物质形态，与一般物质产生万有引力并相互吸引、凝聚的性质不同，它具有奇特的性质，几乎可以说是万有斥力，因此被称为暗能量。在广义相对论中，代替牛顿"万有引力"概念的是物质的能量和动量使周边的时空发生弯曲，暗能量则使得时空弯曲的方向与一般物质相反，因此，它可能需要具有某种负的动量，从而驱动宇宙加速膨胀。相对而言，暗物质似乎更加容易理解一些，它会像普通物质一样产生万有引力，从而相互吸引凝聚在一起。

人们很容易想到某些不发光的天体，如褐矮星、行星、小黑洞、碎石等。但是通过各种观测，人们已排除了这些普通物质组成的不发光天体作为暗物质主要成分的可能性。例如，宇宙核合成理论表明：如果大量暗物质是普通的重子物质，那么在宇宙大爆炸时，重子物质密度比较高，会导致核反应更为充分，使残留的氘核远少于实际观测到的量。根据大爆炸核合成和宇宙微波背景辐射的观测结果推断，重子物质约占宇宙总密度的 4.7%。因此，人们分析暗物质可能是由尚未发现的粒子组成的，因其不带电荷，所以不会发光（电磁波），所以"暗"。

近年来，虽然有很多实验在尝试，但暗物质还没有在实验室中被发现。因此，关于暗物质的主要信息，仍然来自天文学观测。这些观测可以给出一些暗物质的性质，虽不能立即回答暗物质是什么的问题，但可以排除许多可能性。

暗物质的天文观测证据

暗物质的发现要归功于天文学家的观测。早在 20 世纪 30 年代，在美国工作的瑞士天文学家茨维基（Fritz Zwicky）分析了离我们比较近的后发座星系团（Coma Cluster）的观测数据发现，根据其中星系运动的速度（径向运动速度可以根据星系光谱谱线的多普勒效应测出）推断的质量要远大于根据其亮度推测的质量，换句话说，如果假定星系团中各星系内的主要质量来自恒星，而这些恒星类似于太阳或我们已观测到的恒星，那么其质引力远不足以束缚住星系团内大量高速运动的星系，这说明星系团中存在着大量不发光的隐形物质，它们是星系团真正的主宰。茨维基把这种物质叫作"dunkle Materie"，即德语的"暗物质"。同一时期，荷兰天文学家奥尔特（Oort）通过分析银河系盘上恒星的运动，也发现了其密度高于观测到的发光恒星质量的现象。

20 世纪 70 年代，薇拉·鲁宾（Vera Rubin）等人对包括银河系、M31 以及一些邻近的旋涡星系旋转速度进行了测量。在旋涡星系中，恒星和气体大体是作为一个整体环绕中心旋转的，旋转的向心力由引力提供，因此通过其旋转速度测量可以得出引力的大小。我们可以画出离星系中心不同距离的旋转速度曲线，如果质量主要来自发光的物质，那么在旋涡星系发光的恒星盘的边缘或外面①，随着引力减小其旋转速度也应迅速减小，但实际的观测表明，这种速度往往并不会快速减小，甚至常常保持为一个常数，由此说明，在恒星盘外应该有由不发光的暗物质组成的球形或椭球形晕。

对于椭圆星系来说，寻找暗物质的证据要困难一些，因为椭圆星系内的恒星没有一个整体的转动，而是每颗星都具有不同的运动状态，只能测出速度弥散。椭圆星系周围的中性氢气体也很少，难以测量。不过，目前的观测也表明，在椭圆星系的外围速度弥散不显著降低，因此其应该也处在暗晕之中（图 1）。

现在，人们在很多天文观测中都发现了暗物质存在的证据。例如，在星系团中，除像茨维基那样从其成员星系的运动速度推断其质量（称为动力学质量）外，这些星系团中还弥漫着高温气体，这些气体发出 X 射线。假定这些气体处在流体力学平衡态（压强差与引力相平衡），也可以估计其质量。

---

① 恒星盘的外部还有少量的恒星可供测量，此外，还有由中性氢气体组成的盘，因此可通过观测其 21 厘米谱线测出速度。这些气体盘本身的质量远小于恒星盘，不足以产生如此强的引力。

▲图 1　星系团 Abell 2218 产生的引力透镜光弧
来源：维基百科，https://upload.wikimedia.org/wikipedia/commons/0/0b/Gravitationell-lins-4.jpg

　　还有一种办法是利用引力透镜观测。引力使经过星系团或星系附近的光发生偏折，因此，如果我们观测一个星系团背后的星系，会发现很多星系的形状发生扭曲（弱引力透镜），甚至产生光弧或多个像（强引力透镜）。通过引力透镜，也可以测得其质量。所有这些测量都表明星系中存在许多暗物质。

　　对于星系旋转曲线的研究，除暗物质外，还有人提出了另一种解决思路：也许在星系的尺度上，万有引力定律不成立，毕竟此前我们只是在太阳系内才真正对其进行过检验。Milgrom 提出了修改牛顿引力（MOND）理论，也可以很好地拟合旋转曲线。但是，从这一思路构建一个自洽、完整的理论相当困难，而且对于星系团中的暗物质，这一理论解释得也不太好。此外，子弹头星系团（bullet cluster）对这种解释也是一个沉重的打击：子弹头星系团是正在发生碰撞的两个星系团，如图 2 所示。利用弱引力透镜观测，人们发现，团中物质最多的地方也是星系最多的地方，但与 X 射线亮度分布并不重合，后者是气体或普通物质最多的地方。这就证明，引力并不以大量的气体所在之处为中心。在不引入暗物质的修改引力理论中很难解释这一现象，但在暗物质理论中因为暗物质相互作用很弱，可以与气体分离，因此得到自然的解释。

▲图 2　子弹头星系团 (bullet cluster)(1E0657-56)
左图为光学图像，右图为 X 射线图像，曲线表示投影密度分布
左图来源：维基百科，https://upload.wikimedia.org/wikipedia/commons/6/65/Bullet_cluster_lensing.jpg
右图来源：维基百科

暗物质与结构形成理论

　　宇宙大爆炸理论预言，在大爆炸时产生的大量光子将留存到今天，并红移到微波波段。宇宙微波背景辐射在 20 世纪 60 年代被意外发现，此后，宇宙学家开始在这一框架下构建宇宙模型。暗物质由于其引力作用，在星系形成与演化中起着重要的作用，也是这些模型的重要组成部分。

　　宇宙微波背景辐射在各个不同方向上几乎具有相同的温度，只有一些微小的涨落（约十万分之一），这说明早期宇宙是高度均匀的，在引力作用下才演化为今天包含各种星系的非均匀宇宙。这给出了对暗物质性质的一个重要限制：它不能太热。如果暗物质在宇宙早期比较"热"，即其以接近光速运动，则会把宇宙的小尺度结构"抹平"，那么要形成宇宙结构，就需要宇宙先形成一些大结构，再分裂成小尺度的星系。但是，在 20 世纪 80 年代，人们就已认识到这不符合对星系观测的结果。因此，热暗物质模型被排除了，只有冷暗物质模型和温暗物质模型还有可能（温暗物质指暗物质的运动速度远小于光速，但比冷暗物质高一些，因此可以抹掉小于星系尺度的一些涨落）。这直接排除了粒子物理标准模型中看上去最像暗物质的粒子——中微子，中微子本身不带电，与普通物质相互作用微弱，因此人们一度认为它是很好的暗物质候选者，但是中微子质量太小，在宇宙早期会获得很高的运动速度，因此属于热暗物质。

　　早期宇宙充斥着由光子、质子和电子相互交融而成的等离子体"汤"。暗物质也存在于早期宇宙中，但如果暗物质和光子及普通物质的相互作用较弱，很快就脱离了和光子及等离子体的相互作用，在引力作用下形成团块。这时的光子、质子和电子组成的等离子体在其引力作用下落入其引力势井中，引力和光子辐射压驱使光子—等离子体振荡起来。这种振荡的幅度和模式一方面取决于等离子体的密度和温度，另一方面取决于暗物质的密度和分布。在宇宙大爆炸结束后的 38 万年，等离子体迅速复合，宇宙变得透明，光子终于能够自由穿梭在宇宙空间里，但振荡的印记却被完好地保留了下来。那时的炽热光子经过 100 多亿年的传播，形成了现在的宇宙微波背景辐射（CMB）。暗物质和普通物质也同样留下了振荡的痕迹，通过观测星系的大尺度空间分布的密度起伏，也能找到类似 CMB 中的振荡特征，即重子声波振荡（BAO）。通过分析 CMB 功率谱和 BAO，人们可以推断出重子物质、光子和暗物质所占宇宙的组分，以及暗物质的其他性质（图 3，图 4）。

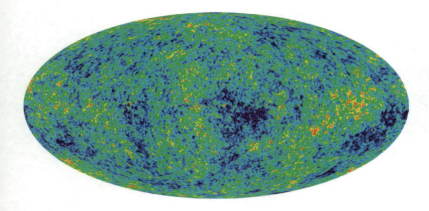

◀ 图 3　Planck 测 得的宇宙微波背景辐射（CMB）温度起伏各向异性天图
来源：维基百科，https://upload.wikimedia.org/wikipedia/commons/3/3c/Ilc_9yr_moll4096.png

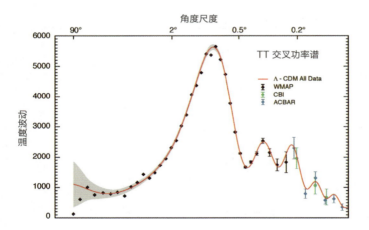

◀ 图 4　CMB 温 度 起伏在不同空间尺度下的幅度，红色为观测值，绿色为理论计算曲线
来源：维基百科，https://upload.wikimedia.org/wikipedia/commons/4/46/WMAP_power_spectrum.jpg

　　加上宇宙学常数暗能量的冷暗物质模型（ΛCDM），总体上能够很好地描述星系的形成和演化。但是在观测中，特别是较小的尺度上也有一些与理论不完全相符的地方。例如，在 N 体数值模拟中，像银河系这样大小的星系暗晕周围有成百上千的子暗晕，但迄今，人们只看到了几十个卫星星系（缺失卫星问题，missing satellite problem），而且已发现的这些卫星星系还比模拟中最大的卫星星系小（too big to fail problem）。此外，N 体模拟得到的暗晕中心密度轮廓比较陡（随距离缩短密度迅速升高），但是通过对一些主要由暗物质组成的矮星系的观测，人们发现在中心时其密度并不会迅速增加。这些问题既可能是暗物质性质引起的（例如，人

们提出了温暗物质模型、自相互作用暗物质模型、衰变暗物质模型等），也可能纯粹是由一些天体物理效应造成的，毕竟人们比较容易模拟纯引力相互作用，而对于气体，特别是其冷却、恒星形成、反馈等复杂过程则较难给出准确模拟。

弱相互作用暗物质

具有冷暗物质性质的候选者，是一种只参与万有引力和弱相互作用而不参与电磁相互作用和强相互作用的未知粒子，其质量大于几个质子的质量，典型值为几十到几百吉电子伏，通常称为弱相互作用重粒子（WIMP）。WIMP 具备冷暗物质的所有性质，可以很好地满足目前大部分天文观测。此外，许多超越标准模型的粒子物理理论，最典型的如超对称理论，可以自然地预言存在这样的粒子。并且，根据统计热力学估算，在宇宙大爆炸中产生这种粒子的数量，刚好与实际观测到的具有同一数量级，因此物理学家高兴地把这称为"WIMP 奇迹"。因此，WIMP 是最被看好的暗物质粒子候选者。

从理论上来说，WIMP 存在弱相互作用，因而可以在高度屏蔽的地下实验室中被高灵敏度的探测器直接探测，也可以湮灭或衰变为高能光子（如 X 射线、伽马射线）、中微子或宇宙线（来自宇宙的电子、质子、氦核、少量反物质粒子等）等。湮灭可以发生在银河系暗晕中，这些暗物质也可能富集在太阳或地球中心，那里的湮灭也可以通过高能中微子探测。目前，许多实验通过观测这些湮灭产物间接探测暗物质。例如，探测伽马射线的费米（Femi）卫星、探测宇宙射线的 PAMELA 卫星、侧重于探测反物质的 AMS-

02 实验，以及中国发射的暗物质粒子探测卫星——"悟空"等。"悟空"是目前世界上观测能段范围最广、能量分辨率最高的暗物质粒子探测卫星，它既可以探测伽马射线也可以探测宇宙射线，真正做到了"火眼金睛"，誓要揪出暗物质这个"妖魔鬼怪"。

这些卫星像一个个收集高能粒子的"盒子"，其中装有高能粒子探测装置。当有高能光子或宇宙射线打入"盒子"中，探测装置就能判断出是何种粒子，并记录其能量等参数。最终科学家就会得到一条随能量变化的能谱。通过这条能谱曲线，就可以判断是否存在暗物质湮灭或衰变。

根据这些空间探测器的观测，人们似乎发现了一些暗物质的蛛丝马迹，但目前仍然没有确切的证据证实其存在。例如，PAMELA 卫星就观测到了大量来自宇宙的正电子，这一结果也被 AMS 确认，而且 Femi 卫星也观测到银河系中心呈球对称分布，越靠近中心伽马射线"云"的强度越大，这无疑符合 WIMP 的预言。但可惜的是这一信号也有可能来自快速旋转的中子星（即毫秒脉冲星），而且人们并没有在暗物质比例更高的矮星系中观测到类似信号，所以仍然不能确认这一信号来自暗物质。此外，我国的"悟空"就在 1.4 TeV 能量处探测到了一个"峰"，有可能是太阳系附近的暗物质子晕产生的信号。然而由于采集样本数目偏少，目前还不能确认是真实信号还是统计涨落。

轴子实验

除 WIMP 外，人们还构想了多种暗物质模型，其中引起较多关注的是一种比较轻的粒子，即暗物质的另一热门候选者——轴子（axion）。与 WIMP 相同，轴子也是一种假想粒子，并不在粒子"标准模型"之中。它于 20 世纪 70 年代被提出，用以解决量子色动力学（QCD）中的电荷—宇称问题（强 CP 问题）。QCD 无疑是非常成功的理论，可以很好地解

释强相互作用过程（夸克和胶子的相互作用）。然而，QCD
理论有可能会破坏 CP 的对称性，继而预言中子会有较为显
著的电偶极矩，然而在实验中测得的数值却极其微小。为了更
好地解释这一现象，1977 年，美国物理学家佩奇（Roberto
Peccei）和奎恩（Helen Quinn）提出了可以通过破坏 PQ
的对称性来解决这一问题。这一对称性破坏的结果就是产生
"轴子"这一粒子。与 WIMP 类似，轴子与普通物质的相互作
用也非常弱，而其质量远低于 WIMP。不过，轴子虽然很轻，
但由于其产生时处于玻色—爱因斯坦凝聚状态，因此其动量很
小，仍然是一种冷暗物质。此外，抛开 QCD 的强 CP 破坏这
一具体问题，也可以引入一种类似的轻玻色子，这种粒子与
轴子性质类似，因此被称为类轴子粒子 (Axion-like particle，
ALP)。理论上对轴子或类轴子粒子的质量限制很弱，质量范
围为 $10^{-12} \sim 10^6$ 电子伏。

怎样探测 QCD 轴子呢？轴子一般通过两种方式和普通
物质相互作用：一种是轴子会衰变为两个光子，即它是有寿
命的，其质量越小寿命越长；另一种是轴子会和磁场产生相互
作用而转化为一个与其能量相等的光子，反之亦然。因此，我
们可以通过观察这两种信号来探测轴子。对于 QCD 轴子来
说，由于其质量很小，所以它们具有极长的寿命，以至于在目
前宇宙年龄的时间里（约 138 亿年）QCD 轴子都不太可能衰
变为光子。一般通过第二种方法，即外加磁场的方法，来探测
轴子。目前有几种这类实验，如"穿墙法"（light-shining-
through-wall experiments），让光子穿过一个强磁场，其
中少量光子与磁场光子相互作用产生轴子，后者可以穿过墙。
轴子太阳望远镜探测（axion helioscopes）则假定太阳可

以发射许多轴子，这些轴子在磁场中转化为光子。轴子晕探测器（axion haloscopes）探测银河系暗晕中的轴子。可惜的是，目前这些实验还没有发现轴子的迹象，它们的灵敏度还须进一步改进。

虽然地面实验没有收获，但天文学家似乎看到了一些蛛丝马迹。2014 年，一些天文学家利用 XMM-Newton 空间望远镜在观测低红移星系团时，发现在 3500 电子伏的能量处似乎有一条发射线。此发射线也被其他的一些观测所证实，并且在星系中也可能存在，例如仙女星系与银河系中心（此发射线目前还没有被完全证实，因为有一些观测声称并没有探测到相关信号）。3500 电子伏发射线难以用原子、离子等发射线来解释，因此如果此发射线真的存在，有可能是暗物质湮灭或衰变产生的。目前看来，此发射线的产生可能还与星系团或星系中的磁场强度有关，一种可能的解释是，此信号有可能是能量为 3500 电子伏的轴子在星系或星系团的磁场中转化为光子产生的。理论计算表明，轴子—光子转化理论的确可以更好地解释 3500 电子伏发射线的观测结果。我们也参与了与此相关的研究，并提出可以通过测量 3500 电子伏发射线的偏振方向，并与其产生处的磁场方向相比较来确认。如果二者方向一致，则可为此理论的正确性提供强有力的支持，反之则可排除此理论。

暗物质究竟是什么？是未知粒子还是引力幻觉？大自然有太多的疑问等待我们去理解，是困难也同样是契机，科学家唯有脚踏实地，昂首前行，才能最终俘获这宇宙的"幽灵"。

［本文原载于《现代物理知识》2018 年第 2 期］

作者：巩岩，国家天文台研究员。入选中国科学院"百人计划"，获得国家自然科学基金委优秀青年科学基金资助。主要从事宇宙学研究。

陈学雷，国家天文台研究员，中国科学院大学岗位特聘教授、博士生导师。主要从事宇宙学和射电天文学研究。国家杰出青年科学基金获得者，入选国家百千万人才工程、国家有突出贡献中青年专家，享受国务院政府特殊津贴。

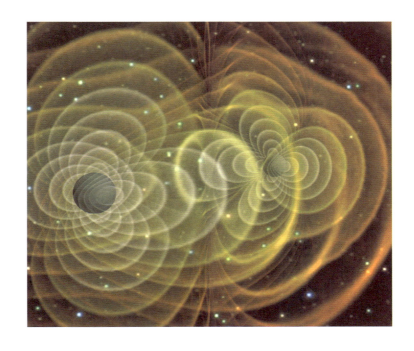

　　北京时间 2016 年 2 月 11 日晚 11 点 30 分，
美国自然基金会联合激光干涉引力波天文台（LIGO /
VIRGO）项目合作组召开了新闻发布会，宣布人类
第一次直接探测到了引力波。GW 150914。这是
自爱因斯坦 1916 年对引力波做出预言之后近百年，
人类苦苦追寻数十年，首次直接探测到的引力波。
此引力波在双黑洞系统逐渐靠近并最终并合的过程
中产生的。它发生于地球外 13 亿光年，大麦哲伦星
云方向。

图题：引力波的计算机模拟图像
图片来源：NASA、https://www.nasa.gov/centers/goddard/images/content/146978main_gwave_lg5.jpg

14
遇见引力波
从此人类可以听到遥远宇宙的声音

苟利军　黄　月

北京时间 2016 年 2 月 11 日晚 11 点 30 分，美国自然基金会联合激光干涉引力波天文台（LIGO／VIRGO）项目合作组召开了新闻发布会，宣布人类第一次直接探测到了引力波 GW 150914。这是自爱因斯坦1916 年对引力波做出预言之后近百年，人类苦苦追寻数十年，首次直接探测到的引力波。此引力波在双黑洞系统逐渐靠近并最终并合的过程中产生的。它发生于地球外 13 亿光年，大麦哲伦星云方向。

如果以人类的探知方式类比，传统天文的观测方式（利用望远镜观测）就好比人的眼睛，而引力波就如同人的耳朵。之前我们只能通过眼睛认识宇宙，现在我们还可以听到宇宙的声音。引力波给我们打开了一扇认识宇宙的新窗口。这是一个值得纪念的伟大时刻，一个新时代的序幕正在拉开。

经过两年的运行，人类已经探测到了 6 例确认的引力波事件，包含1 个双中子星事例（图 1），1 例疑似事件。首先，我们对引力波等概念加以说明，进而使读者对这项具有划时代意义的科学发现有深入的了解。

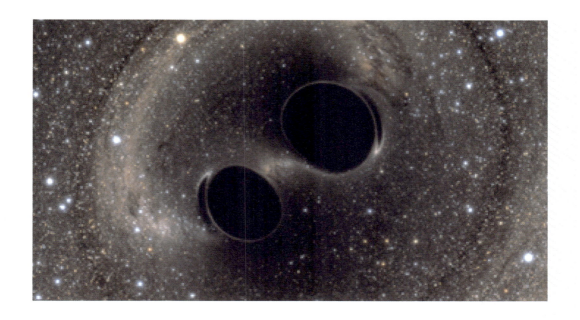

什么是引力波

▲图1　双黑洞系统想象图
来源：https://www.ligo.caltech.edu/image/ligo20160211d

对于"波"，我们并不陌生，生活中时常会听到无线电波、电磁波、声波、光波等，引力波也是波的一种。

既然称之为引力波，它必然与引力有关。所以，在更进一步了解引力波前，我们需要了解一下人类对于引力的认识过程。17世纪末，物理学家牛顿看到了下落的苹果，发现了物体之间普遍存在的一种力——引力，并将其数学化，这就是我们熟知的"万有引力"。万有引力认识的精髓是物体质量的存在导致了引力，这在之后200多年里被认为是宇宙间的绝对真理。直到1905年狭义相对论发表，再到1915年广义相对论发表，爱因斯坦提出了一种完全不同的对于引力的看法，引力是质量对时空造成了变形所导致的，而非质量之间的吸引。这就意味着，时空可被当作一种可以变形的介质来认识。简单来说，引力波就是时空自身的波动。相比于我们熟知的无线电波（或电磁波），它仅在时空之中传播，时空是它的媒介。

如果将时空视作海洋，那么天体就如同海洋生物一般。可以想象，如果大海中的某个生物摇了摇尾巴或是晃了晃头，海水由此所产生的波动就会向外传播。与此类似，宇宙中某个天体的剧烈活动，会对其所在的时空产生扰动，时空自身的波动也会向远处传播，如果其足够强，就能够为地球上的我们所感知。

在引力的世界中，宇宙通常是平静的。但在北京时间 2015 年 9 月 14 日 17 点 50 分 45 秒，地球上的 LIGO 探测器却探测到了来自宇宙深处距离地球 13 亿光年的一场引力风暴，这次风暴来自于一个双黑洞系统的并合，并以它的探测日期为它命名为 GW 150914（图 2）。

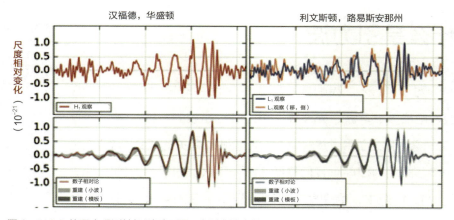

▲图 2　LIGO 的两个观测站探测到了同一个引力波事件
上面为观测得到的曲线，下面是和理论相比较之后的拟合结果
来源：https://journals.aps.org/prl/abstract/10.1103/PhysRevLett.116.061102

双黑洞是什么

此次发布会的另外一个亮点就是双黑洞。这也是人们首次直接发现双

黑洞，这两个黑洞的质量分别为 26 和 39 太阳质量，属于恒星量级的黑洞。也就是说它们和太阳的质量相差并不是特别大。黑洞并合产生了非常强烈的时空振荡，才让遥远地球上的我们观测到了。

黑洞通常有两种：一种是恒星量级的黑洞，它的质量在 10~100 太阳质量；另一种是超大质量黑洞，它的质量至少是太阳质量的 100 万倍。每个星系中会有上千万个黑洞，且至少有一个超大质量的黑洞。在银河系中心就有一个质量为 400 万太阳质量的黑洞，同时在银河系周围，四处游荡着超过 1000 万个恒星质量级的黑洞。

人们通常认为大质量（超过 25 个太阳质量）的恒星在其演化的最终阶段，恒星中心会形成我们知道的恒星级黑洞。因为黑洞本身没有任何辐射（不考虑量子效应下的霍金辐射，其电磁辐射也异常微弱），我们不能直接看到黑洞。不管是银河系中心的超大质量黑洞，还是游荡着的恒星级黑洞，我们都必须通过间接的方式探测得知。

所幸，有的黑洞处于双星系统中，而且另外一个天体是正常的恒星（又被称为伴星）。在这种情形下，黑洞会从正常恒星上吸积气体，在其周围生成一个吸积盘，以至于某些时候吸积气体的量过多，不能被黑洞直接吞掉，这时会将多余的气体沿着黑洞的两个转轴抛射出去，从而形成非常壮观的喷流。正是因为吸积盘和喷流的存在，才能够产生我们非常熟知的电磁辐射（产生光子），从而我们可以利用传统的探测方式，如地面或太空望远镜，间接地探测黑洞的存在。

然而，双黑洞系统几乎不会产生能够为传统方式所观测到的光子。所以，即使它们存在，利用传统的观测方式也不能发现它们。但是，在双黑洞绕转，尤其是并合之时，会产生很强的引力波。只要引力波探测器足够灵敏，我们就可以发现它们的踪影。这次探测到的就是双黑洞。所以引力波能够让我们发现宇宙中不同寻常的一些天体和现象。

如何知道是双黑洞，而非其他天体

有了观测信号，我们又是如何知道这就是双黑洞产生的呢？这就涉及引力波的信息提取技术了。因为引力波源通常是一些致密天体，会涉及计算量非常大的数值计算（幸运的是双黑洞的数值模拟在几年前刚刚成功），所以不会采用直接拟合的方式。引力波的参数提取采用了一种叫作波形匹配（waveform matching）的方法。其过程首先考虑某种特定的引力波产生源，然后针对不同的天体参数，利用数值模拟计算出其相对应的波形。最后再考虑其他尽可能多的产生源，建立一个包含尽可能多波形的完整波形库。通过探测器得到观测信号后，将波形库和观测波形进行比较，找出最为匹配的一个，从而推断出系统天体的参数信息。因为不同系统产生的波形不同，所以通过匹配，我们就能够推断出产生引力波的天体，包括其天体本身的性质信息。如对于一个双黑洞并合系统，可以推断出并合之前的黑洞质量，角动量（通常用自旋参数来表示）和轨道，以及并合之后的质量和角动量。

从引力波观测信号中对信号信息的成功提取，可以说是多种技术成熟的共同体现。利用匹配滤波的方法，推断出引力波的产生系统是一个双黑洞系统或双中子星系统，而非其他系统。就第一次探测而言，得到黑洞的质量在并合之前是 26 和 39 太阳质量，并合之后是 62 太阳质量，并合后黑洞是一个克尔黑洞，其自旋参数值为 0.67（图 3）。

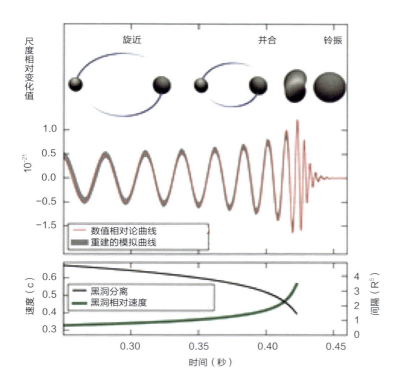

◀图 3 双黑洞系统在不同阶段所产生波形随时间演化图

双黑洞系统的演化包括三个阶段：旋近 (inspiral)，并合（merger）和铃振（ring down）

来源：LiGo,https://journals.aps.org/prl/abstract/10.1103/PhysRevLett.116.061102

　　首先我们会问，并合之后怎么少了 3 个太阳质量，它们跑到什么地方去了？因为我们知道引力波也是携带能量的，所以在黑洞并合之时，黑洞的形状是极其不规则的，不是我们看到的单个黑洞的球形，所以在振荡恢复的过程中，一部分质量就会以引力波的形式辐射出去，从而被我们接收到。从这次观测结果我们知道，黑洞并合的时间非常短，仅有约 0.05 秒，且在这么短的时间就将 3 个太阳质量（约 6×10^{30} 千克）的能量以引力波的形式释放了出去，也就是说 1 秒钟可以释放约 1×10^{32} 千克的能量。相比之下，我们的整个宇宙包含了约 1×10^{22} 个太阳，而每个太阳每秒钟向外辐射约 4×10^9 千克的物质能量，所以在黑洞并合的最后阶段，释放出的物质能量比整个宇宙每秒钟辐射出的电磁总能量还要高 3 倍。

　　我们所看到的恒星，都处于旋转中。所以对于那些由恒星坍缩形成的黑洞而言，也处在旋转中。对于黑洞的旋转，天文学家用一个叫作自旋参数的量来表示，它在 0 和 1 之间变化。0 代表没有转动的黑洞（又称史瓦西黑洞），而 1 代表理论上黑洞所具有的转动最大值（又称极端克尔黑洞）。对于此次观测中并合以后的黑洞，它的自旋参数为 0.67。如果我们以转速来描述，相当于其在以每秒 100 转的速率转动。

　　对于黑洞而言，有着非常著名的无毛定理，也就是说黑洞只需要简单的几个量就可以被描述。对于天文当中的黑洞，只需要我们上面所说的质量和自旋参数就可以完整地描述。当我们知道了黑洞的质量和自旋参数的一些性质后，就可以很容易地对黑洞本身的全貌做出描绘，如同给出了一个人的完整自画像。而引力波的方法可以给出黑洞的完整信息，这相比于传统的观测方式更为有效，尽管观测有些困难。

为什么等了这么久

　　从引力波的预言到如今的被直接探测，物理学家等待了近 100 年。为什么这么难？相比于其他的几种力（强力、弱力、电磁力），引力是最弱的，相应的引力波效应也就很弱。1916 年，爱因斯坦发表了自己新的理论之后，也估算了引力波的强度。引力波的强度相对于变形长度的结果小得可怜，几乎是没有办法探测到的。引力波是时空的自身变形，在一个方向上被拉伸，在其垂直的另一个方向上就会被压缩。理论上来说，如果有一天我们被同样的双黑洞系统在并合时所产生的引力波（变化强度为 10^{-21}）击中的话，我们同样会经历一个稍微变高变瘦然后变胖变矮的过程。实际上，对于身高不超过 2 米的人类来说，导致的变化大约为 2×10^{-21}，为一个氢原子直径的五百亿分之一（一个氢原子的直径约为

1×10^{-10} 米）。

　　引力波的效应是如此之小，以致于一方面需要增加探测的长度，来增强变化的效应，另一方面需要通过巧妙的方法来探测微小的变化。所使用的巧妙方法就是当年美国物理学家迈克尔逊测量以太是否存在时使用的方法——激光干涉法。简单理解就是：干涉仪有两个相互垂直的臂，臂的两端悬挂着反射镜。一束单色、频率稳定的激光从激光器发出，在位于中间的分光镜上被分为强度相等的两束，一束经分光镜反射进入干涉仪的一个臂，另一束透过分光镜进入与其垂直的另一臂。经过末端反射镜反射，两束光返回，并在分光镜上重新相遇，产生干涉。我们可以通过调整两个彼此垂直臂的长度，来控制两束光相消，此时光子探测器上没有光信号。当有引力波从垂直于天花板的方向进入后，它会使两臂中的一臂拉伸，另一臂压缩，从而使两束光的光程差发生变化，原先相干相消的条件被破坏，探测器端的光强发生变化，以此得到引力波信号（图 4）。

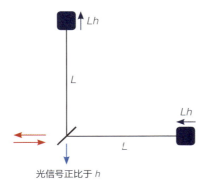

光信号正比于 h

● Michelson 干涉仪：用光相的干涉来测量位移（R. Weiss. R. Forward）
● 臂长可以放大引力波信号
● 光学方法有利于对距离变化的精密测量

◀ 图 4　激光干涉原理图

　　这也是此次新闻发布会中提到的 LIGO 在建造之初所考虑的。它有两个观测点，分别建在美国华盛顿州的汉福德和路易斯安那州的列文斯顿。每个观测点都有两条互相垂直，长达 4 千米的臂。长臂中间是高度真空的管子（保证真空光速传播），而在长臂两端，悬挂着直径约为 34 厘米重 40 千克的反射镜。LIGO 会不间断地测量每对反射镜间的距离。所以每当引力波通过探测器时，人们便会探测到两对反射镜之间的距离呈现此消彼长的周期性变化，所看到的条纹也会发生周期性的变化（图 5）。

▲图 5 左　建在美国华盛顿州汉福德的 LIGO 天文台，图 5 右　路易斯安那州列文斯顿的 LIGO 天文台
左图来源：https://www.ligo.caltech.edu/image/ligo20150731c
右图来源：https://www.ligo.caltech.edu/image/ligo20150731e

　　即使对于 LIGO 天文台 4 千米的长臂，引力波所造成的变化也是极其微小的。对于所发现的双黑洞并合，其可能产生的尺度相对变化最高可为 1×10^{-21}，意味着 4 千米的长度也只变化了一个氢原子直径的 2500 万分之一。为了达到这个精度，LIGO 的科学家做了许多精密的设计，考虑了上千种不同的影响因素，保证探测系统的稳定，确保 LIGO 反射镜的位置随机涨落小于一个氢原子大小的百亿分之一，从而确保可以相对比较容易地探测到可能的引力波导致的微小变化。

　　LIGO 于 1999 年建成并开始运行。但在进行第二次升级前（2010 年），没有探测到任何确定的引力波事件。自 2010 年起，LIGO 对探测器进行了第二阶段的升级，2015 年 9 月 19 日，升级后的版本 advanced

LIGO（简称 aLIGO）开始运行，并于 2016 年 1 月结束了第一阶段的运行。而此次新闻发布会的结果就是升级后的 advanced LIGO 探测到的。相比于之前，aLIGO 的探测灵敏度提高了 10 倍。而且此次的双黑洞产生的引力波强度仅比 LIGO 的灵敏度低一点，所以当 LIGO 的升级刚刚完成，在试运行的阶段就发现了所报道的双黑洞系统。所以说只要足够灵敏，我们就能够探测到来自宇宙的声音。

什么样的天体可以产生引力波

那么在宇宙中，什么样的天体才能够撼动宇宙时空，让位于遥远地球上的 LIGO 探测到呢？现在通常认为有如下几种。

（1）旋进 (in-spiral) 或并合的致密星双星系统。如中子星或黑洞的双星系统。非常类似于发布会提到的系统。

（2）快速旋转的致密天体。这类天体会通过周期性的引力波辐射损失角动量，它的信号强度会随着非对称的程度增加而增加。可能的候选体包括非对称的中子星。在电影《星际穿越》中，教授说它发现了引力波，而它的其中一个产生机制很可能就是由一个快速转动的中子星表面大约 2 厘米的凸起引起的。

（3）随机的引力波背景。类似于我们熟知的宇宙背景辐射，这类背景引力波又叫作原初引力波，它是早期宇宙暴胀的遗迹。2014 年，由加州理工学院、哈佛大学等几所大学的研究人员组成的 BICEP2 团队宣称利用南极望远镜找到了原初引力波，但其后来被证实为银河系尘埃影响的结果。原初引力波的探测将是对暴胀宇宙模型的直接验证，对于它的探测依旧在努力。

（4）超新星或伽马射线暴爆发。恒星爆发时非对称性动力学性质也会产生引力波。而直接探测到来自于这些天体的引力波，就会得到这些天体最直接、最内部的信息。

以上的天体都能够产生 LIGO 探测器可以探测到的引力波信号（频率大约为几十赫）。还有一类天体，也能够产生比较强的引力波，只是产生的频率比较低（频率在 0.01 赫以下）。

（5）超大质量黑洞。在星系的中心，我们知道存在一个超大质量黑洞。星系在演化的过程中，会彼此并合，所以在某些星系中间，会有两个黑洞。类似于 LIGO 所探测到的双恒星级黑洞，这两个双黑洞在绕转和最终并合的过程中，也会产生较强的引力波（图 6）。

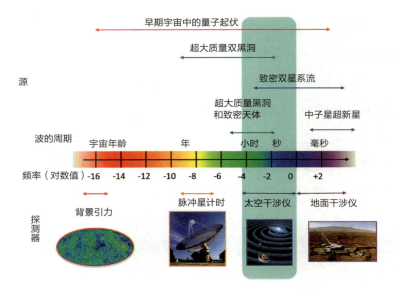

▲图6　不同引力波源所对应的频率范围、周期以及所对应的探测方式
频率是取对数后的值
来源：https://science.gsfc.nasa.gov/663/images/gravity/GWspec.jpg

引力波的探测历史

在过去的近 60 年中，有许多物理学家和天文学家为证明引力波的存在做了无数努力。其中最著名的要数引力波存在的间接实验证据——脉冲双星 PSR 1913+16。1974 年，美国马萨诸塞大学的物理学家泰勒（Joseph Taylor）教授和他的学生赫尔斯（Russell Hulse）利用美国的 308 米射电望远镜，发现了由两颗质量大致与太阳相当的中子星组成的相互旋绕的双星系统。由于两颗中子星的其中一颗是脉冲星，利用它精确的周期性射电脉冲信号，我们可以无比精准地知道两颗致密星体在绕其质心公转时其轨道的半长轴以及周期。根据广义相对论，当两个致密星体近距离彼此绕旋时，该体系会产生引力辐射。辐射出的引力波带走能量，所以系统总能量会越来越少，轨道半径和周期也会变短。

泰勒和他的同行在之后的近 30 年时间里对 PSR 1913+16 进行了持续观测，观测结果精确地按广义相对论预测的那样：周期变化率为每年减少 76.5 微秒，半长轴每年缩短 3.5 米。广义相对论甚至还预测出这个双星系统将在 3 亿年后并合。这是人类第一次得到引力波存在的间接证据，是对广义相对论引力理论的一项重要验证。泰勒和赫尔斯因此荣获了 1993 年诺贝尔物理学奖。到目前为止，类似的双中子星系统已经发现了近 10 个。但此次发布会中的双黑洞系统是首次被发现的（图 7）。

在实验方面，第一个对直接探测引力波做出伟大尝试的人是韦伯（Joseph Weber）。早在 20 世纪 50 年代，他第

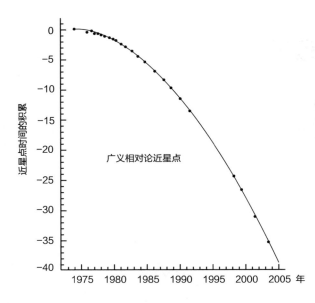

◀ 图 7 PSR 1913+
16 转动周期累积移动观
测值与广义相对论预言
值的比较
曲线为广义相对论的预
测值，点为观测值。两
者误差小于 0.2%，此
发现给引力波科学注入
了一针强心剂
来源：https://arxiv.org/
pdf/astro-ph/0407149.pdf

一个充满远见地认识到，探测引力波并不是没有可能。1957—1959 年，
韦伯全身心投入到引力波探测方案的设计中。最终，韦伯选择了一根长 2
米，直径 0.5 米，重约 1000 千克的圆柱形铝棒，其侧面指向引力波射来
的方向。该类型探测器，被业内人士称为共振棒探测器。当引力波到来
时，会交错挤压和拉伸铝棒两端，当引力波频率和铝棒设计频率一致时，
铝棒会发生共振。贴在铝棒表面的晶片会产生相应的电压信号。共振棒探
测器有很明显的局限性，比如它的共振频率是确定的，虽然我们可以通过
改变共振棒的长度来调整共振频率，但对于同一个探测器，只能探测其对
应频率的引力波信号，如果引力波信号的频率不一致，那该探测器就无能
为力。此外，共振棒探测器还有一个严重的局限性：引力波会产生时空畸
变，探测器做得越长，引力波在该长度上的作用产生的变化量越大。韦伯
的共振棒探测器只有 2 米，强度为 $1×10^{-21}$ 的引力波在这个长度上的应变
量（$2×10^{-21}$ 米）实在太小，对于 20 世纪 50—60 年代的物理学家来说，
探测如此小的长度变化几乎是不可能识别的。虽然共振棒探测器最后没能
检测到引力波，但韦伯开创了引力波实验科学的先河，在他之后，很多年

轻且富有才华的物理学家投身于引力波实验科学中。

在韦伯设计建造共振棒的同时期，部分物理学家认识到了共振棒的局限性，然后就有了前面提到的基于迈克尔逊干涉仪原理的引力波激光干涉仪探测方案。它是由麻省理工学院的韦斯（Rainer Weiss）及马里布休斯实验室的佛瓦德（Robert Forward）在20世纪70年代建成的。到了20世纪70年代后期，这些干涉仪已经成为共振棒探测器的重要替代者。激光干涉仪相对于共振棒的优势显而易见：首先，激光干涉仪可以探测一定频率范围的引力波信号；其次，激光干涉仪的臂长可以做得很长，比如地面引力波干涉仪的臂长一般在千米的量级，远远超过共振棒。

自20世纪90年代起，在世界各地，一些大型激光干涉仪引力波探测器开始筹建，引力波探测的黄金时代就此拉开了序幕。

其他探测设备

目前已经投入使用的设备包括上述的LIGO，还有位于意大利比萨附近的臂长为3千米的VIRGO，位于德国汉诺威的臂长为600米的GEO 600，以及日本东京国家天文台的臂长为300米的TAMA300引力波探测器。这些探测器曾在2002—2011年同时进行观测，但并未探测到引力波。之后这些探测器进行了升级，两个高新LIGO（升级版的LIGO）探测器于2015年开始作为灵敏度大幅提升的高新探测器网络中的先行者进行观测，而高新VIRGO也于2016年年底开始运行。日本的 TAMA300 进行了全面升级，将臂长增加到 3 千米，改名为神冈引力波探测器（Kamioka Gr Kagera Detector），预计 2019 年投入运行。

　　因为在地面上很容易受到干扰，所以物理学家也在向太空进军。欧洲的空间引力波项目演化激光干涉空间天线（LISA）便是其中之一。LISA 将由三个相同的探测器构成一个边长为 500 万千米的等边三角形，同样使用激光干涉法来探测引力波。此项目已经通过欧洲空间局批准，正式立项，目前处于设计阶段，计划于 2034 年发射运行。作为先导项目，两颗测试卫星已于 2015 年 12 月 3 日发射成功，目前正在调试中。中国的科研人员除积极参与目前的国际合作外，也在筹建自己的引力波探测项目。

　　上面讲到的探测都是利用激光干涉的方法。但其实宇宙本身就已经"创造"出了一种探测工具——毫秒脉冲星，它们是大质量恒星发生超新星爆炸形成的高速旋转的致密天体。这些极其稳定的恒星是自然界最精确的时钟，像灯塔一样每"嘀嗒"一次就向地球扫过一组信号。引力波可以干扰这一信号，虽然变化非常微小，但还是能够通过微小的时间涨落被探测到。这就是脉冲星计时（pulsar timing）法。这样人们就可以利用现有的射电望远镜进行观测了。

中国的引力波研究状况

　　从爱因斯坦在 1916 年预测出引力波，到 2015 年 LIGO 获得直接观测证据，跨越了 100 多年。在这一过程中，中国科学家也在不断寻觅、追求。20 世纪 70 年代，中国科学家就开始了引力波研究。2008 年，在中国科学院力学研究所国家微重力实验室胡文瑞院士的推动下，中国科学院空间引力波探测工作组成立，这就是目前由中国科学院牵头推动的空间引力波项目"太极计划"。除此之外，还有一个相对小型的空间引力波项目，由中山大学领衔的"天琴计划"。这两个项目目前都处在预研阶段。由中国科学院高能物理研究所负责的"阿里项目"计划在我国西藏的阿里地区放置一个射电望远镜，希望从地面上探测到原初引力波，聆听宇宙大爆炸之初的音符，此项目已经立项，正在建设，预计在 2020 年左右可以开始进行观测。

探测引力波的意义

毫无疑问，引力波是对广义相对论的一个最直接的验证。它在弱场中已经得到无数验证，但是对于强引力（黑洞周围）之下的验证从来没有进行过。所以此次的观测，是首次对广义相对论在强引力环境下的检验。

引力波以光速传播，它与物质的相互作用非常弱，所以引力波可以为我们提供宇宙几乎无阻挡的图景，而这是无法利用我们熟知的电磁波实现的。例如，利用引力波，我们可以看到宇宙的最早期，宇宙大爆炸之后的 1×10^{-36} 秒开始的宇宙形成过程，而对于电磁波而言，它最早只能看到大爆炸后约 38 万年的历史，在此之前的信息，电磁波是不能提供给我们的。所以引力波是我们了解宇宙形成最好的工具。

对于引力波的实际意义，现在还很难看出和预测。这就如同在 1915 年广义相对论被提出之时，无人能够认识到其伟大意义一般。但是，现在广义相对论却在我们的日常生活（如导航）中扮演着极其重要的角色。在引力波被第一次探测到的新闻发布会后，麻省理工学院校长赖夫（Rafael Reif）说道："基础科学研究是辛苦的、严谨的和缓慢的，又是震撼性的、革命性的和催化性的。没有基础科学，最好的设想就无法得到改进，创新只能是小打小闹。只有随着基础科学的进步，社会也才能进步。"

　　第一个引力波事例已经探测到了，让我们看到了更多探测的曙光。引力波的寒冬即将过去，春天即将到来，相信接下来引力波的探测事例会如雨后春笋般爆发。

作者：苟利军，国家天文台研究员，恒星级黑洞及其爆发研究团组首席科学家，中国科学院大学岗位特聘教授，北京市天文学会副理事长。国家图书馆文津奖获得者，科技部优秀科普图书获得者。2012 年入选中共中央组织部青年千人计划。

黄月，界面新闻（北京）文化频道编辑。

　　天鹅座 V404 黑洞（V404 Cygni）在 2015
年 6 月苏醒了。

　　它自上次爆发后，一睡就是 26 年，这个世界
上的"90 后"还没有见过它上次爆发的模样。虽
然无人知晓它的面容，但我们能够读懂它从距离我
们 7800 光年外的遥远宇宙发来的消息——这条消
息可是用高能的伽马射线和 X 射线写成的！

15
当一个黑洞苏醒了，
我们可以做些什么

苟利军　黄　月

　　天鹅座 V404 黑洞（V404 Cygni）在 2015 年 6 月苏醒了。

　　它自上次爆发后，一睡就是 26 年，这个世界上的"90 后"还没有见过它上次爆发的模样。虽然无人知晓它的面容，但我们能够读懂她从距离我们 7800 光年外的遥远宇宙发来的消息——这条消息可是用高能的伽马射线和 X 射线写成的！

　　美国的雨燕（Swift）卫星最早收到了天鹅座 V404 黑洞苏醒的消息，并通知了黯淡蓝点上的公民们（图 1，图 2）。

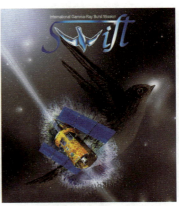

▲ 图 1 左　天鹅座 V404 在天空中的位置图，图 1 右　美国雨燕卫星的宣传图
右图来源：NASA, http://swift.sonoma.edu/images/multimedia/images/epo/Sbrochure.jpg

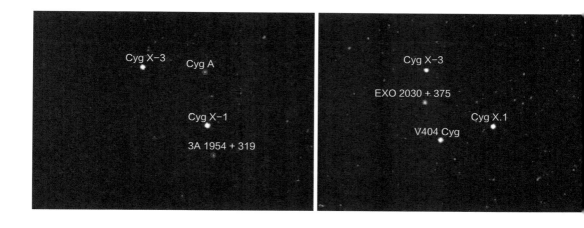

我们应当感谢科幻文学和科幻电影的繁荣，它们让许多普通人认识甚至"目睹"了黑洞。现在，或许一个普通的中学生都知道：黑洞引力巨大，能够撕裂一切，连光线都逃脱不了。

爱因斯坦在 100 多年前提出了伟大的广义相对论，他认为，当所有的质量都集中在一个非常小的奇点上时，在某个范围内会产生巨大的引力，这就是黑洞吞噬万物的理论。

▲ 图 2　天鹅座 V404
亮度变化及亮度变化源
图中 Cyg X-1 和 Cyg
X-3 为持续亮源
来源：http://sci.esa.int/
integral/56096-integral-
image-before-and-after-
the-outburst/

望向宇宙深处的"眼睛"

看到这里，或许读者会问，既然连光都逃不出黑洞的手掌心，我们要怎样观测这个黑漆漆的洞呢？

人类的眼睛只能看到非常窄的一段电磁波谱，如果你有幸获得一副可以看到 X 射线的眼镜，你将看到全然不同的宇宙图景：我们的太阳会比现在暗许多，夜空中繁星不再璀璨，而只剩下些许稀疏的亮点点缀其中，因为能够产生如此高能辐射的点源天体非常有限，只有中子星、黑洞和少数的白矮星。

所以，戴上这副神奇的眼镜，你就可以看到天鹅座 V404 黑洞苏醒的样子了，它就是天空中最亮的那个点，比目前知道的最亮的 X 射线天体天蝎座 X-1（Sco X-1）还要亮上 3 倍。对于全人类来说，望远镜就是这样一副神奇的眼镜：光学望远镜帮助我们看到更暗的天体，其他波段的望远镜帮我们认识光学之外的宇宙万物。

当然，科学家并非透过望远镜的镜片就能直接看到张着大口、永远吃不饱的"黑洞怪物"，人类所能做的只是间接地探测黑洞。接下来我们所说的黑洞观测，并不是地球人理所当然以为的"肉眼观测"，而是通过能看见各种射线的望远镜观测。

探测黑洞的秘诀

宇宙中有两类我们能够确认的黑洞：一类是恒星量级的黑洞，它的质量比太阳大一些，如约有 10 个太阳质量。这一类黑洞就像其他恒星一样，存在于星系的各个角落里。就银河系而言，估计就有超过 1000 万个这样的黑洞。另一类黑洞被称为"超大质量黑洞"，这类黑洞的质量相当于至少几百万个太阳的质量（2014 年，中国天文学家发现了一个有 10 亿个太阳质量的黑洞），它们通常孤独地存在于星系的中心。

尽管这两类黑洞的质量有着天壤之别，但是它们会产生类似的天文观测现象，这里面藏有人类观测、探测黑洞的秘诀。

第一是黑洞周围的一圈明亮美丽的吸积盘。通过吸积附近的气体，黑洞周围会形成一个气体盘（吸积盘），盘中的气体围绕着黑洞转动，相互摩擦产生极大的能量，以光的辐射释放出来，被地球上的望远镜或太空望远镜看到。然而，由于观测望远镜能力的限制，这一壮观景象的具体细节我们只能在电影中看到，如电影《星际穿越》中的景象一般。那是动画公司在科学家的指导下，根据大量计算数据将黑洞可视化的结果。

第二种现象是喷流。与吸积盘不同，喷流的空间尺度更大，更容易被望远镜看到。在某些情况下，吸积气体的黑洞会将多余的、未进入黑洞中的气体沿着转动方向快速抛射出去，这些气体由带电粒子构成，本身含有磁场，所以会产生辐射，进而被我们探测到。

正是上述两种现象的存在，才使得人类能够发现黑洞的存在。沉睡了 26 年的天鹅座 V404 黑洞，正是通过从伴星上吸积到了足够的气体，吸积盘产生爆发，从而产生了非常强的高能辐射，给地球人捎来了"口信"（图 3）。

天鹅座 V404 黑洞这次醒来了十几天时间。在这次短暂而猛烈的爆发中，整个吸积盘都被摧毁了。在接下来的几十年中，天鹅座 V404 需要从其伴星再积攒气体，来酝酿下一次的爆发。

◀图 3　黑洞从伴星吸积气体
喷流、吸积盘、黑洞的位置、大小、尺寸为示意图，与实际比例存在差异
来源：NASA，https://www.nasa.gov/mission_pages/chandra/multimedia/cygnusx1.html

给黑洞称体重

尽管黑洞漆黑一片，但它时不时通过周围的一些物质活动，来向我们展示它的存在及它所具有的巨大威力。

那么，当宇宙深处传来疑似黑洞存在的消息，天文学家又是如何确认那就是一个黑洞的呢？要知道，中子星也是有吸积盘和喷流现象的。这就需要科学家为那个疑似黑洞的家伙测一下"体重"了。

理论上说，一个致密天体的质量大于 3 个太阳的质量，由于没有任何已知力来支撑它自身的重量而向中心坍缩，便形成了恒星量级的黑洞。由于黑洞本身不发光，所以只有黑洞周围存在伴星时，我们才能看到并对它的质量进行测量。

实际上，我们的银河系理应存在着上千万个恒星级的黑洞，目前我们确认的只有 60 多个。因为只有当黑洞和伴星一起围绕运动时，我们才能利用简单的物理定律，通过伴星的运动轨道测量到黑洞的质量。这种方法类似于利用月球运动来测量地球质量和利用地球运动来测量太阳的质量。

1974 年，地球上两颗聪明大脑的拥有者，理论物理学家霍金和他的好朋友基普·索恩就人类第一个黑洞候选体天鹅座 X-1（Cyg X-1）是不是黑洞打了个赌，他们以一年的成人杂志作为赌注。后来的观测利用天鹅座 X-1 中的伴星运动测得了黑洞的质量，其大约为 15 个太阳质量，从而霍金认输，并在两人的赌书上签名，还按上了自己的手印。

之前提到的两类黑洞质量都可以用这种方法来测量。例如，银河系的大质量黑洞位于人马座中，它的名字叫 Sgr A*，质量大约为 400 万个太阳质量。

天鹅座 V404 黑洞在经历了短暂爆发后，现已重归平静，让我们期待它的再一次苏醒吧！

作者：苟利军，国家天文台研究员，恒星级黑洞及其爆发研究团组首席科学家，中国科学院大学岗位特聘教授，北京市天文学会副理事长。国家图书馆文津奖获得者和科技部优秀科普图书获得者。2012年入选中共中央组织部青年千人计划。
黄月，界面新闻（北京）文化频道编辑。

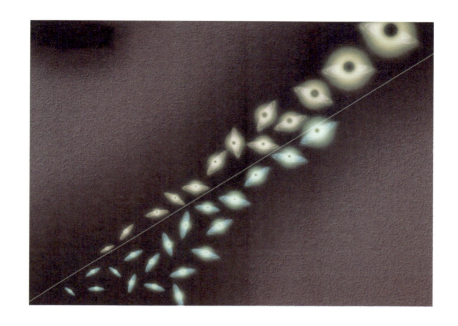

　　双黑洞是由两个相互绕转的黑洞构成的一类特殊天体系统，是当前天体物理领域中热门的系统之一，关乎我们对宇宙星系结构形成的理解，对广义相对论和引力物理的终极检验。

　　在介绍双黑洞之前，我们首先来介绍什么是黑洞及与其相关的物理现象。

16
超大质量双黑洞：
引力的终极之舞

陆由俊

双黑洞是由两个相互绕转的黑洞构成的一类特殊天体系统，是当前天体物理领域中热门的系统之一，关乎我们对宇宙星系结构形成的理解，对广义相对论和引力物理的终极检验。

在介绍双黑洞之前，我们首先来介绍什么是黑洞及与其相关的物理现象。

单黑洞

100 年前，爱因斯坦提出了广义相对论和场方程，以此来描述引力和宇宙。在第一次世界大战的一条战壕内，卡尔·史瓦西灵光闪现，给出了爱因斯坦场方程的真空解，即不转动黑洞的时空几何度规。战壕外隆隆的枪炮声似乎是在迎接现代意义上的黑洞这一神奇概念和理论的诞生。随后经过钱德拉塞卡、奥本海默、霍金、克尔和惠勒等科学家超过半个世纪的逐步研究和完善，黑洞已经成为一个成熟的完整理论体系。

现如今，众所周知，黑洞是宇宙中最简单最优美的天体。天体物理中对黑洞的完整描述只需要两个量，即质量和自旋（黑洞无毛定律）。黑洞的超强引力使得一切物质甚至光线都不能逃出其视界（1 个太阳大小的不转动黑洞的视界约为 3 千米，1 亿个太阳质量大小的黑洞的视界则有日地距离的 1 ~ 2 倍）。致命的引力使得它们成为宇宙中气体和恒星的坟冢，一切过于靠近它们的物体都将被撕裂吞噬。它们暗黑无边，看似难以发现，但在吞噬气体和恒星的过程中它们又会成为宇宙中最为明亮的天体，即类星体或活动星系核。它们的视界代表着时空的边缘，在遥远的观测者看来，空间可能在这里终止，时间可能在这里冻结。黑洞的这些奇妙性质使得其不仅成为最基础科学研究的前沿热点，也成为媒体的常客、公众话题的焦点、科幻小说和影视剧的宠儿。

　　黑洞如此致密，相对尺度如此之小，以至于目前只有少数具有极高分辨率、极高灵敏度的大型望远镜，如哈勃空间望远镜，才可以观测黑洞近邻区域的星体或气体物质的运动，从而通过动力学特征发现它们的存在。黑洞存在的一个最好的证明就是银河系中心的超大质量黑洞。对银心处一些恒星的开普勒运动的长期监测为银心处存在一个约 400 万太阳质量黑洞提供了有力的证据（图1）。天文学家通过近几十年的努力发现，几乎每个星系的中心都存在至少一个超大质量黑洞，其质量范围为百万个至百

▼ 图 1　银河系中心超大质量黑洞及其周围恒星的轨道运动
来源：http://galacticcenter.astro.ucla.edu/images/education/gallery/pics/2014.jpg，加州大学洛杉矶分校，银河系中心组凯克

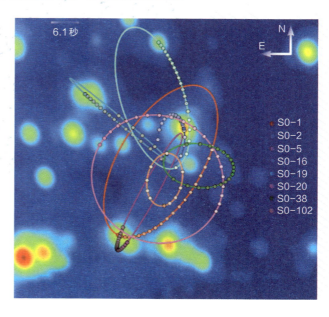

亿个太阳质量。超大质量黑洞的质量大约是它们宿主星系或星系核球质量的千分之一至千分之五。超大质量黑洞与星系间的紧密相关性预示它们是共同演化的。

宇宙中存在超过数以亿计的超大质量黑洞，它们大多蛰伏在正常星系的核心，处于宁静状态，而有一些则通过猛烈吞噬周围的气体物质活跃起来，成为类星体或活动星系核。在这些狂暴的类星体或活动星系中，黑洞如同星系帝国的皇者，通过它们的暴怒掀起的狂风传达至帝国最偏远的边疆，驱赶星系中多余的气体，控制恒星的形成，从而控制帝国的活动和疆域（图2）。因而超大质量黑洞也是星系结构形成中无法回避的力量和存在。

▲图2 类星体活动造成的外流和风艺术想象图
来源：ESO，https://www.eso.org/public/images/eso1247a/

超大质量双黑洞

宇宙中星系的碰撞和并合是一种普遍存在的现象。当前的冷暗物质宇宙结构和星系形成的标准模型也预言了那些巨大的星系是由小星系不断并合而成的。在此图景下，两个星系的并合如同一场星系尺度的战争。首先，两个星系中的恒星通过相互间暴虐的冲杀弛豫交换能量以达到新的平衡形成一个新的星系。其次，两个星系中心的皇者也因受恒星和气体的动力学摩擦损失能量和角动量相互靠近落入新星系的中心形成双黑洞（相互间距离在光年左右或以下）。最后，两个星系中的气体也可能相互碰撞损失能量落入新星系的中心，为中心的皇者提供燃料、触发它们的愤怒产生大量的光、热和风，以控制新星系的成长。

双黑洞可以通过引力弹弓效应踢开飞经它附近的恒星或与沉入中心的气体或气体盘在黏滞作用下损失能量进一步相互靠近。当双黑洞之间的距离足够近，两个皇者的相互绕转和争斗纠缠导致强大的引力波辐射损失能量，它们快速靠近并最终融合为一个更大的黑洞，永不分开。此时此地没有光、没有热，只有直接挤压和拉伸坚硬时空骨架的引力波，将这一切传向宇宙的每个角落（图 3）。它最终嘎然而止，没有绕梁余音，只有无边的黑暗和沉寂。

宇宙中频繁的星系碰撞和并合预示着双黑洞广泛存在于星系中心。自 20 世纪 80 年代，人们就开始努力搜寻超大质量双黑洞。一些明确的证据表明同一个星系中存在两个黑洞，如 NGC6240 中的两个硬 X 射线发射源（图 4），但它们的

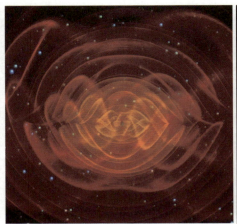

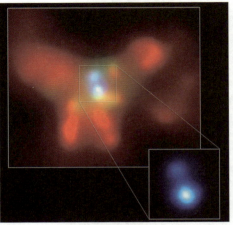

▲图3   双黑洞并合造成的引力波辐射及时空畸变
来源：NASA, https://asd.gsfc.nasa.gov/blueshift/wp-content/uploads/2015/11/figure2.jpg

▲图4   NGC6240 中的一对黑洞及其硬 X 射线辐射
来源：http://chandra.harvard.edu/photo/2002/0192/0192_xray_inset.jpg

距离较远（几千光年左右甚至更远），还未形成相互绕转的双黑洞。然而相互绕转的双黑洞则如"潜龙在渊"难得一见。过去的几十年中，天文学家通过各种方法寻找双黑洞，试图一睹它们神秘的真容，但是除发现一些候选体外难以真正证实任何一个双黑洞系统，至今都未能找到。

双黑洞的搜寻证认和展望

类星体和活动星系核中心黑洞吸积产生强大紫外光，会电离围绕着黑洞旋转的气体团块辐射出诸如莱曼阿尔法等发射线光子。由于气体团块围绕黑洞运动造成的多普勒效应，这些发射线光子的能量发生变化，不同团块发射线光子叠加起来形成可观测的宽发射线特征。若双黑洞中的每个均携带有宽发射线气体团块并随黑洞相互绕转，则观测到的宽线应该是双峰或非对称的，且峰的位置或发射线轮廓随时间做周期性变化。早在 20 世纪 80 年代，某些类星体的双峰宽线就被认为是由双黑洞引起的。天文学家也据此陆续找到了一些双黑洞的候选体，但其中一些已被后续观测证伪。看起来很多双峰宽发射线都能用其他（而非双黑洞）模型更好地解释。当然，更进一步的证认还在进行中。

在双黑洞系统中，双黑洞的相互绕转会对其周围的气体吸积盘施加一个力矩，从而导致落入两个黑洞的气体的多少随时间发生周期性变化（图 5）。一个黑洞对绕另一黑洞的气体吸积盘的周期性穿越也会导致该黑洞吸积物质的变化，又或者一个黑洞吸积盘系统绕另一个黑洞旋转的多普勒放大效应造成光变。这些变化反映在观测上就是含双黑洞的类星体或活动星系核存在周期性光变。活动星系核 OJ 287 就具有 12 年的周期性光变，它被认为是由质量分别为 200 亿和 1 亿个太阳质量的双黑洞作用导致的。最近天文学家又发现类星体 PG 1302-102 具有一个 5 年的周期性光变，这被认为是由

▼图 5 超大质量双黑洞吸积系统艺术想象图

一个上亿个太阳质量的黑洞及其吸积盘绕转超过 10 亿个太阳质量黑洞的多普勒放大效应导致的。但是这些候选体是否一定是双黑洞，仍有待更多观测和模型检验。

若一类星体中存在双黑洞，其中较小的黑洞会围绕较大的黑洞快速转动并扫除其近邻区域吸积盘上的气体，从而在吸积盘内区挖出一个圈洞结构，同时两个黑洞还争食气体原料并拥有属于各自的小吸积盘。相对于单黑洞系统，双黑洞系统中被第二个黑洞挖出的圈洞状结构对应的辐射（如光学或紫外辐射）就缺失了。反映在光谱上就是在光学或紫外端比那些单黑洞系统多了一个"坑"。最近的研究发现类星体 Mrk 231 的连续谱辐射具有这种明显的特征，很难用其他模型解释，因此很可能是一个双黑洞吸积系统。当然，Mrk 231 也可能有光变。结合未来的光变或其他反映运动学的观测，将可进一步确证其中双黑洞的存在。

人们期待未来的和正在进行的大规模光变观测巡天能找到越来越多的周期光变类星体，为双黑洞研究提供更多的候选系统。在已知的数十万个类星体中，也有理由相信有相当一些具有类似于 Mrk 231 的多波段连续谱。对周期性光变和类 Mrk 231 连续谱类星体的搜寻将会极大地推动双黑洞的研究，并使得对双黑洞轨道演化的统计研究成为可能。

以上谈到的都是在类星体和活动星系核中搜寻双黑洞。在宁静星系中也可能存在很多双黑洞，它们或许可以通过直接成像或观测其周围恒星的运动来探知，但目前的望远镜都还不足以做到这一点。不过如果一个恒星过于靠近黑洞（或双黑洞），它将不幸地被黑洞的潮汐力撕裂并吞噬，在短期内（1～10 年）发出大量的光并随时间按一定的规律演化衰减，而遥远的观测者则可幸运地借此一窥黑洞的真容。双黑洞的潮汐瓦解恒星现象的演化规律与单黑洞可能会有所区别，这种差异也被用来寻找双黑洞并发现候选体。当然这也需要进一步的证实，但潮汐瓦解现象的快速变暗并归于沉寂，使得后期的跟踪研究变得相对困难。

　　毫无疑问的是，对双黑洞最直接的证认是测得它们在并合最后阶段的引力波辐射。然而"大音希声、大象无形"，超大质量双黑洞并合发射的引力波至今还没有被直接探测到。计划建造的 eLISA 空间引力波天文台由置放在一个边长为百万千米的三角形三个顶点上的三个探测器构成，它们绕太阳公转并通过激光相互联系，探测引力波传过时空间发生的微小变化（图 6）。双黑洞是 eLISA 最重要的目标源。相对论学家相信 eLISA 一旦建成就可以聆听到宇宙各处很多双黑洞并合时因轨道迅速衰减发出的一声紧似一声的兴奋低吟。它将会打开一个全新的窗口，为研究双黑洞、宇宙学和引力本身带来全面的突破。

　　脉冲星几乎是宇宙中最好的时钟，它们可以精确到十亿分之一秒。脉冲星的脉冲信号横跨时空传至地球。若引力波穿过脉冲信号的前行路径造成空间微小的挤压或拉伸，其可影响脉冲到达地球的时间。因此对脉冲信号的监测也可帮助探测双黑洞并合造成的引力波辐射及很多双黑洞并合造成的引力波背

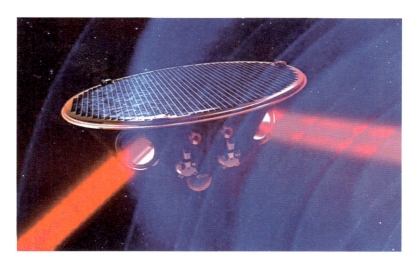

◀图 6　eLISA 的三个探测器之一
来源：https://www.elis-ascience.org/?q=mu-ltimedia/image/lisa-spac-ecraft-and-gravitational-waves

景辐射。正在进行的脉冲星时频阵列［Pulsar Timing Array（PTA），如
Parkes］的观测已经表明引力波背景辐射信号比目前简单的星系和黑洞
演化模型给出的要小，对这些模型提出了很大挑战。

　　宇宙中的大量双黑洞在或远或近的距离上共舞，它们弹拨时空的琴
弦，奏响宇宙中最华美的交响乐章——背景引力波辐射。它们最终会并合
为单黑洞并归于沉寂，但它们永远不会消失。它们会蛰伏在时空的深处，
张开引力的巨网，等待着吞噬不幸靠近它们的气体或恒星，从而再次创造
辉煌而成为宇宙中最闪亮的天体。又或者它们等待着与靠近它们的伙伴结
伴共舞，再一次拨动时空之弦，传遍宇宙的每个角落。未来的引力波天文
台（如 eLISA）和脉冲星时频阵列（PTA）等，也许会如期待的一样探
测并证实双黑洞并合发射的引力波，也许不能。如果能，那将为广义相对
论这一宏伟殿堂添上一根最坚实的梁柱。如果不能，那么物理学和人们对
宇宙的认识也许会揭开一个崭新的篇章。

参考文献

［1］SCHÖDEL R, OTT T, GENZEL R, et al. A star in a 15.2-year orbit around the
supermassive black hole at the centre of the Milky Way［J］. Nature, 2002,
419(6908):694-696.

［2］GHEZ A M, SALIM S, WEINBERG N N, et al. Measuring Distance and
Properties of the Milky Way's Central Supermassive Black Hole with Stellar Orbits
［J］. Astrophysical Journal, 2008, 689(2).

［3］KORMENDY J, HO L C. Coevolution (Or Not) of Supermassive Black Holes
and Host Galaxies［J］. Annual Review of Astronomy & Astrophysics, 2013,
51(51):511-653.

［4］ BEGELMAN M C, BLANDFORD R D, Rees M J. Massive black hole binaries in active galactic nuclei［J］. Nature, 1980, 287(5780):307-309.

［5］ YU Q. Evolution of massive binary black holes［J］. Monthly Notices of the Royal Astronomical Society, 2002, 331(4):935-958.

［6］ KOMOSSA S, BURWITZ V, HASINGER G, et al. Discovery of a Binary Active Galactic Nucleus in the Ultraluminous Infrared Galaxy NGC 6240 Using Chandra［J］. Astrophysical Journal, 2002, 582(1): 15-19.

［7］ GASKELL C M. Quasars as supermassive binaries［C］// Liege International Astrophysical Colloquia. Liege International Astrophysical Colloquia, 1983:473-477.

［8］ BOROSON T A, LAUER T R. A candidate sub-parsec supermassive binary black hole system［J］. Nature, 2009, 458(7234):53-55.

［9］ HALPERN J P, FILIPPENKO A V. A test of the massive binary black hole hypothesis: Arp 102B［J］. Nature, 1988, 331(6151):46-48.

［10］ VALTONEN M J, LEHTO H J, NILSSON K, et al. A massive binary black-hole system in OJ 287 and a test of general relativity［J］. Nature, 2008, 452(7189):851-853.

［11］ GRAHAM M J, DJORGOVSKI S G, STERN D, et al. A possible close supermassive black-hole binary in a quasar with optical periodicity［J］. Nature, 2015, 518(7537):74.

［12］ D ORAZIO D J, HAIMAN Z, SCHIMINOVICH D. Relativistic

boost as the cause of periodicity in a massive black-hole binary candidate［J］. Nature, 2015, 525(7569).

［13］ YAN C S, LU Y, DAI X, et al. A probable Milli-Parsec Supermassive Binary Black Hole in the Nearest Quasar Mrk 231［J］. Astrophysical Journal, 2015, 809(2).

［14］ LIU F K, LI S, KOMOSSA S. A milliparsec supermassive black hole binary candidate in the galaxy SDSS J120136.02+300305.5［J］. Astrophysical Journal, 2014, 786(2):86-93.

［15］ SHANNON R M, RAVI V, LENTATI L T, et al. Gravitational waves from binary supermassive black holes missing in pulsar observations.［J］. Science, 2015, 349(6255):1522-1525.

［转载自《赛先生》公众号（newsicence），略作修改］

作者：陆由俊，国家天文台研究员，引力波天体物理研究团组首席科学家。主要从事理论天体物理研究，研究方向包括黑洞物理、引力波天体物理、星系和宇宙学。

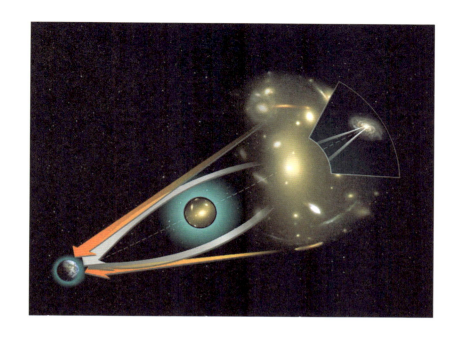

一支笔插入盛有水的玻璃杯中——笔折了！一个人站在哈哈镜前——人变形了！但是，笔真的折了吗？人真的变形了吗？答案显然是否定的，那些只是你看到的假象。

17
眼见不为实——引力透镜效应

李 然

序 言

一支笔插入盛有水的玻璃杯中——笔折了！一个人站在哈哈镜前——人变形了！但是，笔真的折了吗？人真的变形了吗？答案显然是否定的，那些只是你看到的假象。

千百年间，"光沿直线传播"对于人们来说似乎是一条真理，也为"眼见为实"提供了理论基础。直到爱因斯坦广义相对论的问世，人们才发现：光也会不走直线，你目之所及的遥远天体可能并不是它真实的样子（图1）。为什么会这样呢？接下来就为大家揭晓。

人类对宇宙的认识极大地依赖于观察天体的图像。可天体真的就是我们看到的样子吗？爱因斯坦可能并不同意这个说法，因为宇宙中天体的引力会弯曲光线的"旅途"。实际上，我们看到的天体轮廓，大多已经经历了微小的形变。

这是否意味着我们永远无法直击宇宙的真面目？还是说从这寰宇微澜中，我们能够了解宇宙更深刻的一面？

扭曲的图像

观看也许是人类认识世界最重要的方式。我们的眼睛收集物体上发出或反射的光线，在视网膜上形成物体的图像。视网膜上的细胞将图像的信息传入大脑，我们便得知了物体的形状、颜色等。

然而，通过观看所获得的信息有时却不尽真实，哈哈镜就是最佳例证。小时候，我最喜欢去公园里的哈哈镜乐园。只需要交上 5 角钱，就可以在装满哈哈镜的小屋中尽情享受自己形象的改变。我可以装成杰克豌豆故事里的巨人，呼啸生风、动若雷霆，也可以装成滑稽的小矮人。不过说实话，对于本来就是小孩的我，后者未免太过没有挑战性。

哈哈镜的原理并不复杂，之所以产生了扭曲的形象，是因为哈哈镜的镜面是弯曲的。除哈哈镜外，生活中光的折射现象也可以让我们观察到"失真"的世界。拿出红酒杯，透过酒杯玻璃去观察，我们会发现景物也会发生弯曲（图 1）。这是

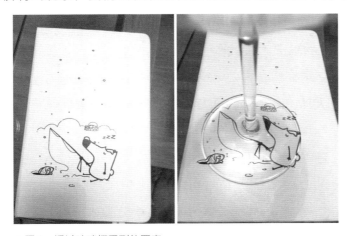

▲图1 透过玻璃杯看到的图案

因为光线在穿过玻璃时，路径发生了偏折。

弯曲的时空

1916 年，爱因斯坦发表了著名的广义相对论。人们意识到：光线即使在真空中"旅行"，也可能发生偏折，这是因为宇宙空间本身可能是弯曲、不平坦的。

在人们的想象中，宇宙空间像一个大号的盒子，天体在这个大盒子中占据不同的位置。天体会随着时间的流逝运动，却不会改变大盒子的状态。然而，在爱因斯坦的相对论中，宇宙时空更像是一张橡皮膜，膜上的物体会改变橡皮膜本身的形态。爱因斯坦的理论告诉我们，时空并不总是平坦的，当光线走过弯曲的时空，它的传播旅途也会随之弯曲。

在地球附近，引力最强大的天体是太阳，它的引力会使周围的时空稍微弯曲。爱丁顿（Arthur Stanley Eddington）在 1919 年带领探测队远赴西非的普林西比岛拍摄了日食时的天空。当太阳躲入月球的阴影中，天幕渐暗、星光显现，爱丁顿也得以拍摄到太阳周围的星空。在照片上，星星的相对位置稍稍偏移了以往的记录。虽然测量误差很大，但结果基本与广义相对论的预言吻合，这也是广义相对论所预言的空间弯曲的第一个实验例证。在上面这个场景中，太阳像一个透镜，弯曲了遥远恒星发出的光线。这种效应被科学家称作"引力透镜（gravitational lensing）效应"。太阳被称作"透镜天体（lens）"，而背景的发光恒星则被称作"源天体（source）"。

引力透镜效应与观测者、透镜天体、源天体三者的相对位置有关。在图 2 中，三者完全连成一条直线，光线可以通过图中上下两条路径进入观测者眼中。对观测者来说，远处的天体像在天空中分裂成了两个像。考虑到真实空间是三维立体的，光线并不仅有上下两条可以到达观测者眼中的

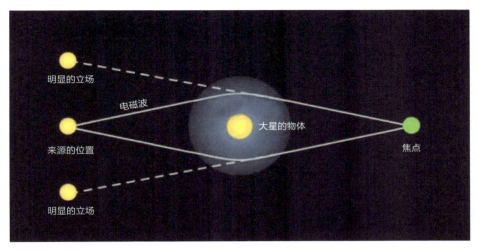

左侧恒星发出的光线，被图中部恒星的引力弯折，分成上下两路来到地球。地球上的观测者会认为发光天体的位置在光线的反向延长线上

▲图2 引力透镜示意图

路径。事实上，如果透镜天体的质量分布是球对称的，那么观测者会在透镜天体周围一圈都观察到源天体发出的光线。也就是说，观测者会看见一个环绕透镜天体的光环。这个光环被称作"爱因斯坦环（Einstein ring）"。这里需要指出，源天体所成的像并不总是圆环，有时更像是长弧，而有时则是多重像。这是因为作为透镜天体的星系并非都是球形的，而是更接近于椭球。透镜天体和源天体也并非能恰好和观测者连成严格的直线。

　　透镜天体的质量越大，对光线的弯折就会越强烈，造成的引力透镜效应也越明显。如果透镜天体是银河系中的一颗恒星，它所产生的爱因斯坦环的典型大小是1个毫角秒量级，或者说，约为月球在天空中大小的二百万分之一。这样小的爱因斯坦环，即使用现在最先进的光学望远镜来观测，也只能看到一个点，而无法分辨出其形状。相比较而言，星系和星系团这样的"巨无霸"可以产生比太阳大得多的引力透镜效应。星系中包含有上千亿颗恒星，而星系团又是星系的聚合体，它们制造空间扭曲的能力远超过恒星。

1987年，杰奎琳·休伊特（Jacqueline Hewitt）第一次观察到了宇宙中的爱因斯坦环。今天，人们已经观察到了很多这样的引力透镜图像。图3展示了哈勃望远镜观察到的一个爱因斯坦环。在这张图片中，中心橘黄色的星系是透镜天体，而围绕它的蓝色环状天体是遥远宇宙中的源天体（一个星系）的图像被扭曲的结果。当透镜天体是星系团时，背景源星系也会被引力透镜效应扭曲。

▲图3　哈勃望远镜拍摄到的爱因斯坦环（图中右侧）
来源：维基百科，https://upload.wikimedia.org/wikipedia/commons/a/a9/Lensshoe_hubble.jpg

对天文学家来说，引力透镜效应并不仅是宇宙中奇闻异事博物馆中的一项收藏，供闲暇赏玩。它实际上提供了一种绘制宇宙物质地图的工具。透镜天体的质量改变、位置移动，都会改变引力透镜的具体表现形式

（如爱因斯坦环的大小、长弧的位置和长度、多重像相互之间的亮度比例）。通过分析观测到的引力透镜事件，研究者可以重建出透镜天体周围的物质分布。

天文学家一般只能通过光观察到天体的存在，也只能估算发光物质（主要是恒星和星际气体）的质量。但宇宙中最主要的物质组分是暗物质，它占据了宇宙物质总量的80%以上。天文学家仍然不知道暗物质粒子究竟是什么，但可以确定它不会参与（或者几乎不会参与）电磁相互作用，即不能发光。因此，引力透镜效应就显得尤为重要，因为它不依赖于透镜天体发出的光。利用引力透镜效应，天文学家可以一窥黑暗世界的地图。

弱引力透镜效应

引力透镜并不是一个可以被研究者随意转动的真正的透镜，这是一项被动的搜索工作。只有找到被剧烈扭曲的源天体图像，天文学家才能进行分析。星系或星系团产生的爱因斯坦环其实并不大，一般在夜空中只占据几个角秒，最多不过几十角秒（如果我们把手臂伸直，竖起食指，食指挡住的角度，大概有 1 度，而一个角秒只是 1 度的三千六百分之一）。此外，只有当透镜天体非常接近观测者和遥远天体的连线时，我们才能观察到很强的引力透镜事件。所以，利用这些扭曲的图像，研究者只能绘制宇宙很小一部分的物质地图。

如何绘制更大的地图？研究者将目光转向了更微弱的引力透镜偏折效应。引力是一种长程力，物体的引力会影响自己周围的时空，随着距离的增加，其引力影响会迅速衰落。在图5中，图像外围区域存在很多椭圆的小蓝点，它们实际上也是遥远宇宙空间中的源星系，但是我们很难发现它们的扭曲。这并不意味着扭曲不存在，而是太过微小，仅稍微改变了这些源星系的椭率（描述椭圆偏离圆的程度，以及椭圆的指向）。因为星系本来就是椭圆的，所以这种改变淹没在星系本身的形态中难以分辨。

如何提取这些微弱的信号呢？单独地看一个星系，我们无法分辨它是否被引力透镜效应弯曲过。但在一块区域中，如果存在引力透镜效应，所有背景星系的图像都会产生类似的扭曲模式。运用统计方法，我们有可能提取引力透镜信号。

研究弱引力透镜的基本原理时，我们可以将每个星系的形状近似地看成一个椭圆，并测量它的椭率（图4）。倘若一块区域没有引力透镜效应，那么因为星系本身指向是随机的，所以平均椭率应该是0。反之，若存在引力透镜效应，则所有的星系都会倾向于向某个方向变形，得到的平均椭

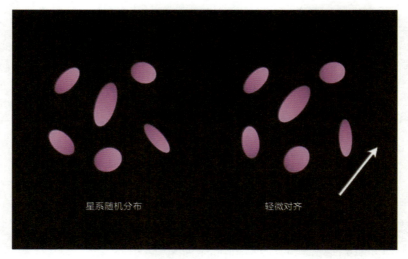

星系随机分布　　　　　　　　　　　　　轻微对齐

▲图4　弱引力透镜信号提取的基本原理
粉色的椭圆代表星系的形状。左图中，星系的指向是随机的，而右图中，由于引力透镜的影响，星系的椭圆都略微偏向箭头所指的方向。通过在一块天区中平均所有星系的椭率，研究者就可以提取出引力透镜带来的形状改变

率就不为 0。在实际研究中，研究者会将源星系的椭率在小范围内平均，得到夜空中每点的平均椭率。应用引力透镜原理，研究者就可以反演出夜空中的物质分布图。

宇宙鱼缸

事实上，引力透镜效应不仅告诉了我们宇宙中暗物质在哪里，什么地方物质多，什么地方物质少，还能告诉我们宇宙整体的几何形态是什么样的。

爱因斯坦的广义相对论不仅可以用来研究某个具体天体对其附近空间的弯折，还能用来研究宇宙整体的形态。假设宇宙中的物质在大尺度上的分布是各处、各个方向均匀的，宇宙空间则可能呈现三种几何形态（图 5）：处处正曲率（positive curvature）、平坦（flat curvature）或处处负曲率（negative curvature）。

而宇宙具体是哪种形态，则由宇宙中质能密度的多少决定。我们可以定义一个宇宙的临界密度：如果宇宙的质能密

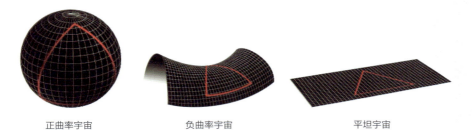

正曲率宇宙　　　　　负曲率宇宙　　　　　平坦宇宙

▲图 5　空间弯曲的三种情况
为了便于展示，这里将空间消去了一个维度，变成了曲面。正曲率宇宙的曲面是一个球面，而负曲率宇宙的形状有点像马鞍
来源：维基百科，https://upload.wikimedia.org/wikipedia/commons/9/98/End_of_universe.jpg

度恰好等于这个临界密度，那么宇宙的空间就是平坦的；如果宇宙的质能密度很高，那么宇宙就会处处正曲率弯曲，反之则会负曲率弯曲。爱因斯坦的广义相对论还预言：宇宙的空间几乎不可能保持静止，而应该是膨胀或者收缩的。宇宙中的物质（主要是暗物质）会使得宇宙减速膨胀甚至收缩，而宇宙中的暗能量则会使宇宙空间加速膨胀。

因为光速是有限的，所以当我们观察遥远宇宙中的星系时，也是在观察这些星系的过去。这些星系发出来的光，穿越了浩瀚的宇宙时空来到地球。这些星系受到的引力透镜效应，不仅依赖于星系路径上物质的分布，也决定于宇宙空间的整体几何性质（图6）。

在过去的 20 年中，宇宙学家通过相互独立的观测数据，如超新星巡天、宇宙中的星系分布、宇宙微波背景辐射和引力透镜巡天等观测，建立了所谓的"宇宙协和模型"（concordance cosmology）。这个模型告诉

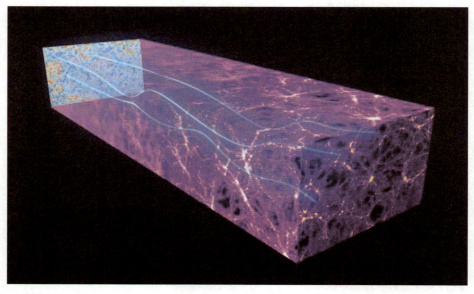

▲图6　宇宙中的弱引力透镜效应示意图
紫色代表宇宙中的物质分布，亮的地方是物质密度较高的地方
来源：NASA，https://www.jpl.nasa.gov/spaceimages/images/largesize/PIA17448_hires.jpg

我们，宇宙的质能组成中暗能量占 70% 多，暗物质占 20% 多，而宇宙正在加速膨胀。

然而暗能量的本质究竟是什么？研究者依然无法确认。理论家提出了不同的暗能量模型，要想区分这些模型，研究者需要更精确的观测数据。而通过测量夜空中不同位置处源星系的形状，研究者可以精确测量几个决定宇宙演化的最基本参数，其中包括暗能量的能量密度、状态方程以及暗能量密度在宇宙历史中的演化形式。

正在建设中的下一代大型光学天文设备都将弱引力透镜测量作为最重要的科学目标之一。以欧洲的欧几里得空间望远镜为例，其将会在空间轨道上对超过全星空 1/3 的区域拍摄高分辨率的图像，从而为研究者提供数以 10 亿计的星系形态信息。这些信息将有助于精确测量宇宙在最近 6 亿年中的演化。这段时期正是宇宙中暗能量总量增加，从宇宙质能中的次要成分变成主要成分的重要时期。

意大利的某城市曾颁布法律，禁止在圆形的鱼缸中养鱼，因为鱼缸的形状决定了鱼眼中世界的形态：圆形的鱼缸会让鱼生活在一个扭曲的世界中，有虐待动物的嫌疑。从现代宇宙学的角度看，宇宙何尝不是一个"大鱼缸"，决定这个宇宙鱼缸几何形态的则是宇宙中的物质构成。相比于鱼，我们人类的幸运在于宇宙鱼缸基本上仍然是平直的，在大多数情况下，我们看到的图像只被微微地扰动，并不影响我们对世界的直观理解。但更加幸运的是，我们比鱼要聪明一些，利用科学和理性，我们反而得以透过变形的图像了解宇宙运行的原理。

［转载自《知识分子》公众号（The-inteuectual），略作修改］

作者：李然，国家天文台青年研究员，主要从事引力透镜、星系形成、宇宙学等研究。撰写的科普图书《漫步到宇宙尽头》获评 2017 年全国优秀科普作品。

▲ Abell 370 星系团的引力透镜图像，由哈勃空间望远镜拍摄

来源：NASA，https://apod.nasa.gov/apod/image/1608/abell370_hubble_2884.jpg

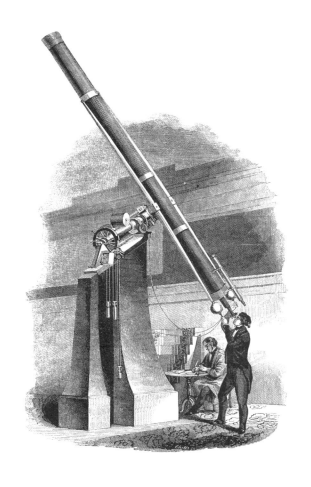

　　科学之美，既形而上，又形而下。就像音乐爱好者衍生了音响发烧友，天文爱好者也衍生出了天文工程控和天文台旅行团。一句话：我们爱星星，但我们更爱望远镜！满世界的名山大川、"宫堡基厅"，都有热门旅行团在合影。在踏上说走就走的冷门旅途时，我们何不独辟蹊径，去看看望远镜呢？

18
奇形怪状的
天文望远镜观光指南

银河路 16 号团队

天文望远镜快速分类法

　　科学之美，既形而上，又形而下。就像音乐爱好者衍生出了音响发烧友，天文爱好者也衍生出了天文工程控和天文台旅行团。一句话：我们爱星星，但我们更爱望远镜！满世界的名山大川、"宫堡基厅"，都有热门旅行团在合影。在踏上说走就走的冷门旅途时，我们何不独辟蹊径，去看看望远镜呢？

　　从哪儿看起呢？先看世界最大的怎么样？上网一搜，这个百科说，最大的在西班牙，直径为 10.4 米；那个媒体说，最大的在智利，正在建，直径是 39 米；有的说，最大的在俄罗斯，直径为 576 米；还有的说，落伍了吧，最大的在南非和澳大利亚，也在建，据说信号收集面积 1 千米²，分布范围超过 3000 千米！当然，更多的还是说，最大的在中国，在贵州的一个山坳里，直径有 500 米。

　　有没有个准确的回答？

　　其实，这些说法都不算错，但并不严谨。首先我们需要初步了解一些有关天文望远镜的分类知识，同一类望远镜才能够比大小吧。

　　天文望远镜的分类法很多，最系统的是按照望远镜探测的电磁波类型来分：探测无线电的，称为射电望远镜；探测可见光的，叫作光学望远镜；依此类推，还有红外线望远镜、X射线望远镜和伽马射线望远镜等。每类还可再分小类。如射电望远镜，按照形态可分为抛面的和球面的，还有把好多单个射电望远镜连起来，组成一个望远镜阵，再把单个采集的数据综合起来，就相当于一个虚拟的超大望远镜了。光学望远镜，根据其工作原理可分为折射望远镜、反射望远镜、折反射结合望远镜和多个组成的望远镜阵。

　　现在我们掌握了望远镜的快速分类方法，就可以拿起地图，订好机票，整装待发了。首先我们先一起领略一下射电望远镜的风姿，射电望远镜的美，是一种波澜壮阔、地陷天旋的豪迈之美。

抛面射电望远镜

　　大多数射电望远镜的造型都是抛面的。看过安慰剂（Placebo）乐队的名曲《了结之时》（*The Bitter End*）的MV吗？Molko疯狂地刷着吉他，镜头一拉，人小如蚁，他竟是站在英国柴郡的洛弗尔（Lovell）望远镜上，抛面碟盘直径76米，立于天地数十载，功勋卓著（图1）。

▲图1 洛弗尔望远镜
来源：维基百科，https://upload.wikimedia.org/wikipedia/commons/d/df/Lovell_telescope_upgrade.jpg

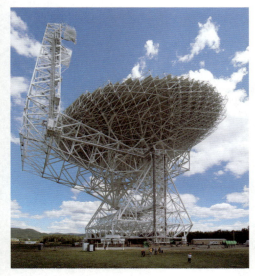

▲图2 "绿岸"
来源：维基百科，https://en.wikipedia.org/wiki/Green_Bank_Telescope#/media/File:GBT.png

在抛面射电望远镜尺寸排行榜上，这个叱咤于流行文化的天文工程明星位列第三，德国波恩直径100米的埃菲尔斯伯格（Effelsberg）望远镜第二，而第一名，也是这颗星球陆上最大的可移动物体，位于美国的西弗吉尼亚，直径110米，高过自由女神像，叫作"绿岸"（Green Bank）（图2），《三体》中的"红岸"便由此得名。

它的身姿，是不是淋漓尽致地展现了射电望远镜纯白、高冷、奇崛、未来派的特质？但是，在此之前，"绿岸"直径90米的前身在1988年因为角撑板故障而坍塌了，经过升级改造，这般婀娜的"绿岸"才得以诞生。

当然不能少了最能激发民族自豪感的射电望远镜"天马"（图 3），"天马"直径 65 米，亚洲最大，自 2012 年便屹立于上海松江，在黄昏苍穹下缓缓巡天时，便不由得激起仰慕它的人激动的泪花。

几年后，当新疆奇台直径 110 米的射电望远镜建好，这座次排位就要重排了。

▼图 3　"天马"
中国科学院上海天文台

球面射电望远镜

看过了抛面射电望远镜的风姿，还有更大的射电望远镜——球面射电望远镜的风骨等着我们去感受。

看过电影《007 之黄金眼》及《超时空接触》的读者一定会对一口嵌在朗朗青山中的金属大锅印象深刻，而它正是波

▲图4　阿雷西博望远镜
来源：维基百科，https://upload.wikimedia.org/wikipedia/commons/8/80/Arecibo_Observatory_Aerial.jpg

多黎各的阿雷西博（Arecibo）望远镜（图4），直径为305米。

抛面和球面望远镜的区别在于，电磁波平行入射进来，抛面望远镜能把它们聚焦在一个点上，球面望远镜却只能聚焦在一条线上。在望远镜中，唯有聚焦处才能用馈源采集数据。所以说，球面的阿雷西博望远镜采集数据就要更困难一些。

记得"007"和"006"悬空搏斗的那根螺旋柱吗？它是阿雷西博望远镜早先用于采集数据的装置，由于其直接沿着焦线，采集数据能力较差，最后被换掉了。

记得吊在科学女和宗教男身后的大穹顶吗？它就是后来阿雷西博望远镜采集数据的装置，它的设计间接把焦线聚成焦点，采集数据能力好，但其重量也有几百吨。

如今，这个独占鳌头50年，同样叱咤过流行文化的天文工程明星只能屈居老二，因为，世界上最大的球面射电望远镜在中国横空出世了。

在贵州平塘县的天然喀斯特坑谷里，有一口直径500米的金属锅，英文简称"FAST"。FAST的诞生经历了一个漫长的过程。

1994年选址，2011年开工——搞定"锅台"（图5）。

2013年年底圈梁合龙，2015年2月索网编拢——支起"锅架"（图6）。

2015年8月初，第一块反射面单元吊装成功——开始拼"锅壳"。

2016年9月，FAST竣工（图7），这样一口足有30个足球场大的锅凹进了地壳。FAST是当之无愧的大地艺术。

▲图 5　FAST 选址（FAST 工程队 / 摄）

▲图 6　FAST 支龙骨（FAST 工程队 / 摄）

▲图 7　FAST 竣工（FAST 工程队 / 摄）

　　FAST 之所以超越了阿雷西博望远镜，不仅因其尺寸更大，还在于其应用了更加先进的技术。它的主动反射面可以局部变形成抛面，如此一来，其采集数据便变得轻而易举，螺旋柱和大穹顶都不需要了，大锅四周，6 座超过百米的支撑塔，用钢索吊起了馈源舱——一个红顶小白盘，仅有 30 吨重。

　　"FAST"的修建不仅为我国的科学研究做出了巨大的贡献，也为我国的电影、电视布景提供了更多的实景选择，同时为带动黔南旅游业的发展创造了条件。

带形射电望远镜

　　如果不限于球面，确实还有比 FAST 更大的射电望远镜。它是由苏联设计制造的，近 900 块反射单元围成了一个圈，加上复杂的馈源，构成了世界上最大的单个射电望远镜。这就是前面所说的位于俄罗斯北高加索的直径为 576 米的 RATAN-600。

射电望远镜阵

　　世界上还有比 FAST 和 RATAN-600 更大的射电望远镜吗？

　　看过《终结者 2018》的人一定会对那个剿杀人类的天网基地很熟悉，在恐怖海峡乐队的神作《那一夜》的封面上，也曾惊现它们的身影。

　　它们最炫出场当属在《超时空接触》中了，科学女收到外星人信号，纵身飙车时，背景上 27 架直径 25 米的抛面天文望远镜组成了一个 Y 形阵，摇头晃脑，不时踩着 21 千米长的轨道雍容变阵，简直像 10 层楼高的机械百合花在集体散步。它们就是叱咤流行文化中的最大牌天文工程明星，美国新墨西哥的甚大阵（Very Large Array）。

这种阵，小到一亩三分地，大到纵横大洲，跨越大洋，浩浩荡荡，前面所说的几位抛面、球面大块头，还有南非和澳大利亚正在建造的平方千米阵（Square Kilometer Array），都是未来寰球望远镜网的一部分。

但这毕竟是阵，和单个的望远镜比尺寸，没有任何意义，在分辨率和灵敏度上，各有优势。

光学反射望远镜及镜阵

射电望远镜更像天线，像耳朵，光学反射望远镜则更像镜子，像眼睛。

前面所述的直径为 10.4 米的天文望远镜，是西班牙加那利群岛上的大加那利望远镜（Gran Telescopio Canarias）（图 8），也是世界上现有的较大的光学反射镜之一。

◀图 8　大加那利望远镜
来源：维基百科，https://upload.wikimedia.org/wikipedia/commons/b/ba/La_Palma_-_Gran_Telescopio_Canarias.jpg

现有第二大的光学反射望远镜是美国夏威夷岛上的凯克（Keck）望远镜（图9），其直径为 10 米，有两架，它们在学术上功勋卓著，大加那利镜正是仿照它们造出来的。

▲图9 凯克望远镜
来源：维基百科，https://upload.wikimedia.org/wikipedia/commons/a/af/KeckTelescopes-hi.png

前面提到的直径为 39 米的望远镜则是智利阿塔卡马沙漠上的欧洲极大望远镜（European Extremely Large Telescope），也是世界上在建的最大的光学反射望远镜。相同级别在建的，还有美国夏威夷岛上的 30 米望远镜（Thirty Meter Telescope），中国科学院国家天文台正是它的创始机构之一。这些新一代巨型光学反射望远镜的镜面与大加那利和凯克一样，都是由许多六边形的小镜拼起来的。

难道没有整块的光学望远镜吗？当然有！

看过国家地理频道的《极限维修大挑战》的读者可能会记得那块直径 8.2 米，厚 18 厘米的大镜面，其被小心翼翼地拆掉，运到山下清洗，主持人一再强调要蒙好帆布再运，因为当这么大的凹面聚焦了阳光，后果不堪设想……

这便是位于阿塔卡马沙漠的甚大镜（Very Large Telescope）（图 10），它一共包含四个反射镜，主要是单个使用，偶尔也组成镜阵。

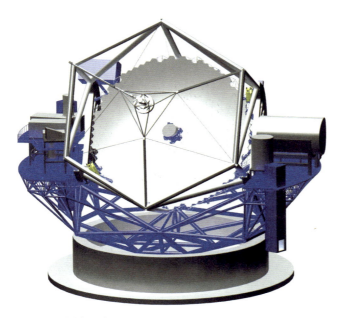

▲图 10 甚大镜阵
来源：https://upload.wikimedia.org/wikipedia/commons/e/e8/TmtTelescope.jpg

光学折射望远镜

光学折射望远镜又是通过什么原理工作的呢？追本溯源，折射天文望远镜的资历最老，它是所有望远镜的祖先，现在提及的较少，但在历史上也曾叱咤风云。

1673 年，伟大的赫维留造了一架直径为 20 厘米，长为 46 米的折射望远镜，吊在 27 米高的桅杆上，人呼一口气便能撼动它（图 11）。

　　1686 年，伟大的惠更斯兄弟造了一架直径为 22 厘米，长为 64 米的折射望远镜，它没有镜筒，物镜高悬树梢，目镜攥在手里，中间连着一根绷直的长绳，以助校正，看上去更像儿童锡罐电话，用来跟瞠目结舌的云彩聊天（图 12）。

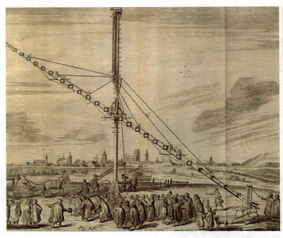

▲图 11　赫维留的折射望远镜
来源：维基百科，https://upload.wikimedia.org/wikipedia/commons/9/9a/Houghton_Typ_620.73.451_-_Johannes_Hevelius%2C_Machinae_coelestis%2C_1673.jpg

▲图 12　惠更斯兄弟的折射望远镜
来源：维基百科，https://upload.wikimedia.org/wikipedia/commons/8/84/Aerialtelescope.jpg

　　是不是特别地惊奇，如果没有这些发疯一样的狂想，哪里有现代科学呢！

天文望远镜旅行地图

　　其他奇形怪状的望远镜还有很多，美国新泽西的号角天线（Horn Antenna）（图 13）像个大耳朵，就是它发现了宇宙微波背景辐射，它也属于射电望远镜。

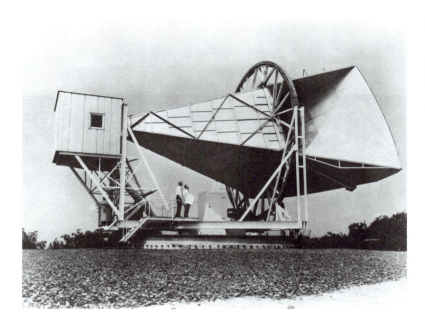

◀图 13　号角天线射电
望远镜
来源：维基百科，https://
upload.wikimedia.org/
wikipedia/commons/f/f7/
Horn_Antenna-in_Holmdel
%2C_New_Jersey.jpeg

　　飞在平流层的索菲亚天文台（SOFIA）（图 14）戴着红
外线眼镜。趴在月亮上的"嫦娥三号"端着近紫外 / 光学反射

▲图 14　索菲亚天文台
来源：维基百科，https://upload.wikimedia.org/wikipedia/commons/7/7c/SOFIA_with_
open_telescope_doors.jpg

镜，飘在外太空的哈勃（Hubble）（图15）属于光学反射镜，埋在南极冰下分布 1 千米³ 的冰立方（Ice Cube）属于中微子望远镜……

▲图 15　哈勃望远镜
来源：NASA，https://upload.wikimedia.org/wikipedia/commons/2/22/IXOFlyby1Large.jpg

　　游不在远，即使就在北京，在雾灵山上望山巅静若白鸽的郭守敬望远镜（LAMOST）（图 16），也会刹那间为之肃穆。

　　最后奉上最特别的液态望远镜，一座小山、半吨水银、一只巨盘，一个完美的液态抛面翩然呈现，在直径 6 米的金属池塘中，便映出了穹顶的万千星斗。这便是加拿大不列颠哥伦比亚的液态望远镜（图 17）。

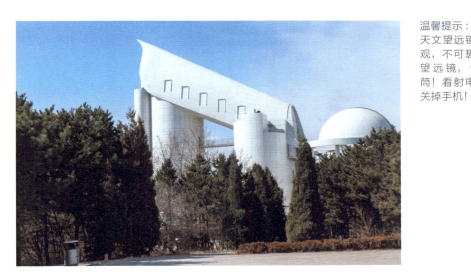

温馨提示：
天文望远镜观赏，宜远观，不可亵玩！看光学望远镜，请关掉手电筒！看射电望远镜，请关掉手机！

▲图 16 郭守敬望远镜

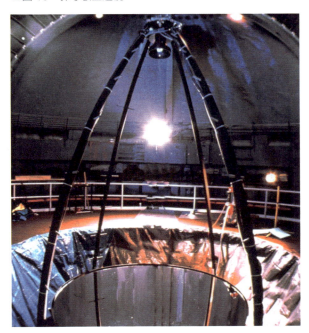

◀图 17 液态望远镜
来源：维基百科，https://upload.wikimedia.org/ wikipedia/commons/e/e3/Liquid_Mirror_ Telescope.jpg

作者：银河路 16 号团队、一个低调羞涩的国家天文台科普小团队。

▲ 郭守敬望远镜
来源:《中国国家天文》供图（王晨／绘）

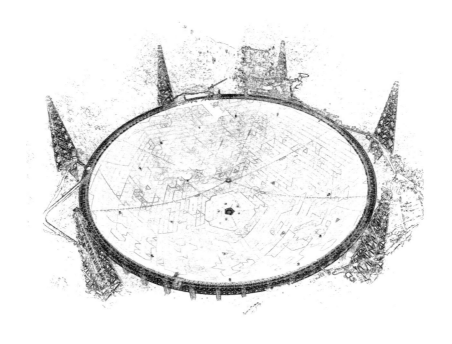

　　蜘蛛侠、钢铁侠、蝙蝠侠……这些电影中出现的超级英雄，都具有超凡的能力。实验科学可以让这一切"梦幻成真"。

图题：FAST 望远镜
图片来源：《中国国家天文》供图（麻钰薇／制作）

19
射电天文望远镜：
人类的"超感"

李菂

　　蜘蛛侠、钢铁侠、蝙蝠侠……这些电影中出现的超级英雄，都具有超凡的能力。实验科学可以让这一切"梦幻成真"。

　　仰望星空，肉眼可见月亮、繁星、银河。月亮的线性尺度约为地球的1/4，而地球的线性尺度仅有太阳的 1% 左右，如果把太阳系等比例放在银河系旁，肉眼几乎看不到它的存在。在广袤的宇宙中，肉眼可见的不过是微不足道的一点。在天文学仪器的加持下，人类得以了解跨越几十个数量级的空间和时间尺度。实验科学已经帮助全人类拥有了远超越日常感知的超能力，本文称之为"超感"。

射电天文学能干什么

　　列文·虎克是笔者最崇敬的实验科学家。他首制了显微镜，创造了"细胞"这个词去描述显微镜下人类未知的生命单元。虎克手绘的《微观图景》中展现了从植物纤维到昆虫触毛，无不奇特、鲜活，还原了"纤毫必见"的朴素之感。显微镜开启了人类认识微观世界的大门，赋予了人类看清极微事物的超感。

小到微观大到宇观，射电天文望远镜可以与显微镜比肩，使人类的能力超越族群的界限，延展了"世界"的定义。20世纪 60 年代，天文学取得了四项非常重要的成果，分别是脉冲星、类星体、宇宙微波背景辐射、星际有机分子一氧化碳，它们被称为"四大天文发现"，且都与射电望远镜有关。

射电望远镜的诞生源自一次意外。1931 年，一种特殊的干扰信号引起了在贝尔实验室工作的无线电工程师卡尔·央斯基的注意。他发现这种无线电干扰每隔 23 小时 56 分 4 秒出现一次最大值，经过仔细分析，他判定这是来自银河系的射电辐射。央斯基的发现，引起了美国工程师、天文爱好者雷伯的关注。1937 年，雷伯在自家后院试制成功了第一架专门用于天文观测的抛物面型射电望远镜，直径为 9.45 米，他测到了太阳及其他一些天体发出的无线电波。1939 年，雷伯接收到了来自银河系中心的无线电波，并且根据观测结果绘制了第一张射电天图。国际天文学界射电天文大奖，以雷柏命名。1951 年，哈佛大学研究生 H. 欧文利用自己搭建的简陋而富有创意的系统（图 1），首次探测到宇宙物质的主要成分——原子氢的射电信号。受益于第二次世界大战期间美国的巨大技术

▼图 1 欧文的望远镜

投入，欧文博士个人的自由探索充分利用了美国储力于民的科研体系，仅花费了500美元，便建立了宇宙原子氢气的射电系统。自欧文的研究发现后，各大学开始设立射电天文博士学位，多个国家开始进行大型射电望远镜建设，射电天文学科因此得以繁荣和发展。

很长一段时间里，人类只能看到天体的光学形象，而射电天文则为人们呈现出了天体的另一侧面——无线电形象。由于无线电波可以穿过光波通不过的尘雾，所以射电天文观测就能够深入到以往仅凭光学方法看不到的地方。银河系空间星际尘埃遮蔽的广阔世界，就是在射电天文诞生后，才第一次为人们所认识（图2）。

想要清晰地聆听到来自宇宙深处的律动，这要求射电望远镜必须有足

▲图2　Parkes　望远镜南天中性氢巡天图

够的灵敏度和分辨率。灵敏度指射电望远镜"最低可测量"的能量值，这个值越低灵敏度越高。分辨率指区分两个彼此靠近的相同点源的能力。望远镜的口径和观测所用的波长决定了分辨率的高低。口径越大，波长越短，分辨率越高。

一方面，望远镜的口径不可能无限扩展；另一方面，无线电波长又远大于可见光波长。为提升射电望远镜的灵敏度和分辨率，科学家进行了各种尝试和探索。英国科学家马丁·赖尔将分离的多架射电望远镜的信号综合处理后，实现干涉和综合孔径，其最高空间分辨率等效于一架覆盖望远镜间距的单口径大型望远镜。这项成就为他赢得了 1974 年的诺贝尔物理学奖。

多台射电望远镜作干涉仪方式的观测，极大地提高了分辨率。自 20 世纪 80 年代以来，在欧洲、美国、日本建成的大型射电望远镜阵列相继投入使用，成为新一代射电望远镜的代表。以美国的超常基线阵列（VLBA）为例，它由 10 个抛物天线组成，横跨夏威夷到圣科洛伊克斯约 8000 千米的距离，其空间角度分辨精度是哈勃太空望远镜的 500 倍，是人眼的 60 万倍。

什么是脉冲星

脉冲星是射电望远镜最重要的发现。

起初，人们认为恒星是永远不变的。大多数恒星的变化过程非常漫长，普通的人类难以觉察。

天文研究表明，质量较大的恒星在演化的终点会爆炸，迸发出盛大的太空焰火，即超新星爆发。如果留下的恒星核心

"残骸"质量足够大，它便会坍缩为中子星。而脉冲星就是正在快速自转的中子星。中子星的个头儿不大，典型直径在 2000 米左右。但它的密度很高，是目前观测到的除黑洞以外密度最大的星体。想象一下，将 1 亿头大象按照中子星的密度揉成一团会有多大？答案就是一个硬币或一颗钉子的大小。其密度之大由此可见。

早在 20 世纪 30 年代，中子星就作为假说被提了出来，但一直没能得到证实。理论预言的中子星密度大得超出了人们的想象，人们当时对这一假说表示怀疑。直到人类发现了脉冲星，经过计算，它的脉冲强度和频率只有中子星那样体积小、密度大、质量大的星体才能达到。由此，中子星的存在才真正地被认可。

脉冲星是如何被发现的呢？ 1967 年，24 岁的剑桥大学研究生乔瑟琳·贝尔在检测射电望远镜收到的信号时，无意中发现了一些有规律的脉冲信号，它们的周期十分稳定，为 1.337 秒。

起初，贝尔以为这是外星"小绿人"（LGM）发来的信号，但在接下来不到半年的时间里，她又陆续发现了数个这样的脉冲信号，进而确认这是一类新的天体，并把它命名为脉冲星。因脉冲星的发现，贝尔的导师安东尼·休伊什教授获得了 1974 年的诺贝尔物理学奖。

一般来说，脉冲星的发现者都是职业天文学家。但也有例外，美国北卡罗来纳州的三个中学生就发现了一颗脉冲星。他们都是天文发烧友，在研究钱德拉塞卡 X 射线空间望远镜发回的资料时，发现了一个点状的 X 射线源，借此判断它很可能是脉冲星。后来，他们的发现得到了科学家的认可。

你也许会问，研究脉冲星有什么用？脉冲星是在坍缩的超新星的残骸中发现的，研究它们有助于人们了解星体坍缩时到底发生了什么。脉冲星的本质是中子星，其具有在地面实验室无法实现的极端物理性质，是理想的天体物理实验室，对其进行研究，有望得到许多重大物理学问题的答案。

脉冲星为什么会规律地发射脉冲信号？研究发现，脉冲星发出的电磁辐射来自其强磁场的极冠区。它转动时发出的电磁信号，如同海岸上的灯塔扫过星空，因此它被形象地称为浩瀚宇宙中的"灯塔"。

此外，脉冲星的转速是非常稳定的，其周期变慢 1 秒大约需要千万年，这与实验室制备的氢原子钟一样稳定。所以，它也被称为宇宙中最精准的"时钟"。

中国天眼看见了什么

1993 年，在东京召开的国际无线电科学联盟大会上，包括中国在内的 10 国天文学家提出建造新一代射电"大望远镜"的建议。科学家期望在全球电信号环境恶化到不可收拾之前，能多收获一些射电信号。

说干就干！1994 年年底，北京天文台（现国家天文台）联合 20 所院校提出了"喀斯特工程"，准备从中国西南无数个喀斯特地貌的凹坑中（图 3），选一个来建大望远镜。这便

▼图 3　FAST 建于贵州省黔南州平塘县的喀斯特地貌凹坑（FAST 项目组王培提供）

是有"中国天眼"之称的FAST（500米口径球面射电望远镜）工程的前身。

FAST提出之前，世界上著名的射电天线大锅有德国100米直径的埃菲尔斯伯格和美国300米直径的阿雷西博。前者是可以移动摇头的，后者借助于波多黎各岛上的喀斯特洼坑建造而成，与FAST很相似。与埃菲尔斯伯格望远镜相比，FAST的灵敏度提高了10倍。这意味着，远在百亿光年外的射电信号，FAST也有可能看到。

看过遥感图，科学家确定了300个候选的圆坑，经过走访又筛选出80个最圆的。贵州省黔南州平塘县克度镇金科村的一个圆形洼地——大窝凼，最终脱颖而出。

历经20多年的论证、选址和施工建设，2016年9月25日，FAST工程竣工，进入调试、试运行阶段。自立项以来，南仁东先生一直担任FAST项目的首席科学家兼总工程师。南先生的坚持和奉献感动了中国，FAST的最终成功将是对他最好的怀念。

处于调试阶段的FAST的采样频率为200微秒，相当于1秒钟采样5000次。数据上传到服务器之后，天文学家利用高性能计算集群和人工智能等工具进行分析，寻找具有脉冲星特征的候选体，然后利用成熟的国际大型射电望远镜进行观测认证，最后公布。

竣工一年后的2017年10月10日，中国科学院在北京宣布，FAST团队利用位于贵州师范大学的FAST早期科学中心进行数据处理，探测到数十个优质脉冲星候选体，并通过国际系统认证了6颗新脉冲星。其中，首个被认证的FAST新脉冲星（FP#1）J1859-01具有1.83秒的自转周期，距离地球约1.6万光年。是中国望远镜发现的第一颗新脉冲星（图4）。

此后的几个月，发现、认证脉冲星已经成为FAST的常规操作。截至2018年春节，候选体超过50颗，认证数目超过10颗。相关的天体

物理研究正在积极展开。

　　特别针对引力波探测这一天文学领域的热门话题，可以通过对快速旋转的射电脉冲星进行长期监测，组成脉冲星计时阵列，探测来自超大质量双黑洞等天体发出的低频引力波。未来，FAST 将有希望发现更多守时、精准的毫秒脉冲星，对脉冲星计时阵探测引力波做出原创贡献。

　　FAST 之于中国，射电望远镜之于人类，都是科学带来的"超感"。

▲图 4　FAST 取得首批科学成果示意图（FAST 项目组王培、《中国国家天文》麻钰薇 / 绘）

作者：李菂，国家天文台研究员、射电天体物理博士、国家重大科学工程 500 米口径球面射电望远镜（FAST）首席科学家。星际分子氧气发现者、命名了空间原子氢气窄线自吸收观测方法。

来源：国家天文台供图

　　这是一个关于研究霍金辐射的射电工程师没能探测到黑洞回音，却阴差阳错解锁了 Wi-Fi 关键技术的故事。

20
阴差阳错：他探测黑洞未成，却意外解锁 Wi-Fi 关键技术

郑晓晨　毛淑德

如今这个年代，也许是最好的时代。

我们只需手机在手，无论是乘坐公交、打车，还是使用共享单车，都能做到出行无忧。同样，购物、看电影、打游戏、语音视频聊天，每个人与方便快捷、多姿多彩的生活之间，也不过是一部智能手机的距离。

现代社会，人们出行似乎已经由因现金不足而惶恐，转向了因手机电量不足而焦虑，因流量告罄而捶胸顿足，因免费 Wi-Fi 而欢欣雀跃了。

不过，在我们理所当然地享受着现代科技的累累硕果之余，有没有想过，这些便捷背后那些为应用前沿添砖加瓦的工程师，以及那些筑建基石的基础研究者呢？本文的故事就是关于约翰·奥苏利文（John O'Sullivan）博士以及他和黑洞、Wi-Fi 那些不得不提的往事的。

有心栽花之霍金辐射

奥苏利文博士是一位电力工程师，也是一位射电天文学家。他和天文的不解之缘可以追溯到 20 世纪 70 年代初，英国物理学家斯蒂芬·霍金

提出了学术生涯中里程碑式的成就——霍金辐射，一时间引无数天文学家竞折腰。

从传统意义上讲，黑洞之所以被称为黑洞，是由于其巨大的引力势可以捕获周围的所有物质，包括光子，它是一个只吞不吐，类似神兽貔貅的存在。但根据霍金的理论，黑洞不仅不黑，还可能会蒸发，辐射能量甚至损失质量，这便是霍金辐射。

霍金辐射的提出源于物理学家对真空更为深刻的认识。根据海森堡测不准原理，能量是有涨落的，真空也并非是完全的虚空，里面充斥着许多正反虚拟粒子对，不过存在时间极短，堪称转瞬即逝（图 1）。

同样的，黑洞的视界边缘也存在虚拟粒子对。如果某些虚拟粒子对中的负能量粒子掉入黑洞，而正能量粒子逃逸到

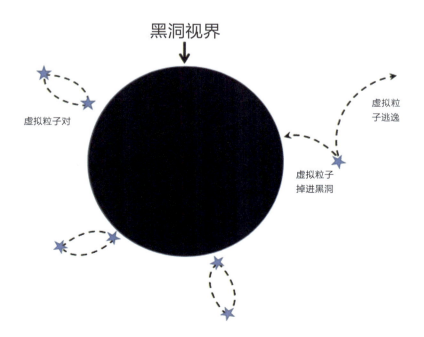

黑洞视界

虚拟粒子对

虚拟粒子逃逸

虚拟粒子掉进黑洞

◀图 1　霍金辐射概念图

远方，那么对应黑洞能量降低，质量减轻，黑洞就像在蒸发一样。霍金证明了黑洞蒸发过程中产生的辐射接近黑体辐射，且辐射温度与其质量成反比。换句话说，黑洞质量越大，其辐射温度越低。

对于一个太阳质量的黑洞来说，霍金辐射温度很低，大概只比绝对零度高一点，约为 6.2 亿分之一开（水的沸点是 373 开）。

这么低的辐射温度意味着几乎可以忽略不计的低能耗，其辐射峰值对应的波长约为 48 千米。也就是说，这一类型的黑洞将经历漫长悠久的岁月才可能蒸发殆尽，保守估计要 10^{67} 年。要知道，目前宇宙的年龄也不过138 亿年。不过，一个诞生于太阳系之初的迷你黑洞（10^{12} 千克）有可能在宇宙的有生之年蒸发殆尽。

霍金预言，在这个迷你黑洞寿终正寝之前，它将在 0.1 秒内释放高达 10^{23} 焦的能量，产生一个集中在伽马射线段的爆炸。这与如今人们熟知的伽马射线暴类似，不过总能量小很多（但依然很强大），相当于几百万个百万吨级氢弹爆炸所释放的能量。

鉴于大气层良好的屏蔽效果，即使迷你黑洞产生的伽马射线暴真实存在，彼时的地面望远镜设备也很难探测到。即便如此，科学家依旧没有放弃对这个理论预言的探测。2008 年 6 月，美国的"费米"卫星就探测到了一个可疑的伽马闪，其可能来自蒸发的微型黑洞。

对于黑洞蒸发后产生的粒子是光子还是其他奇异粒子，科学家并没有统一的认识，不同的理论给出的结果不同。尽管这些理论在小尺度上预言的粒子类别存在差异，但等到这些原有的粒子膨胀到宏观大尺度时，主要成分都将是正负电子对。

在霍金提出霍金辐射理论之后，来自英国天文学会的著名天体物理学家马丁·里斯（Martin Rees）另辟蹊径，于 1977 年在《自然》杂志上发表文章，做了这样的假设：假设所有能量都转换为正负电子对，并考虑电子对产生的观测效应，如果黑洞周围的星际物质（interstellar medium）存在磁场，这些以接近光速运动的高能正负电子生成的"火球"（fireball，后来伽马射线暴的火球模型也来源于此）在磁场中运动时，将进一步触发短时间大规模的射电辐射（射电暴）。基于这一想法，天文学转而将探测黑洞辐射的重点转移到了对射电暴的探寻上。

那时，奥苏利文（图 2）刚刚从悉尼大学毕业，怀揣着新鲜出炉的电气工程学博士学位证书，在荷兰谋得了一份与射电望远镜设备相关的工作，光荣地成为了一名仰望星空的天文从业人员。作为霍金辐射的追随者之一，奥苏利文也磨刀霍霍地加入了探寻射电暴的浩荡大军。

但是，他出师不利。一方面，宇宙中的迷你黑洞距离遥远，信号微弱；另一方面，这些微弱的信号跨过星际、穿越尘埃，风尘仆仆而来时早已面目全非，夹杂在铺天盖地的射电噪声中难以辨别。

◀图 2　约翰．奥苏利文（左 3）和他的团队
图片来源：http://www.atnf.csiro.au/research/conferences/2016/IDRA16/presentations/O_SullivanJohn.pdf

如何才能从嘈杂的背景中提取真实但微弱的黑洞信号呢？这个问题成为横亘在奥苏利文等一众天文观测者心中的巨石，难以解决。

古语云：世上无难事，只怕有心人。结果证明，奥苏利文恰恰就是这样一位有心人，而且，他还是一位数理背景强大的有心人。

经过一段时间的摸索，奥苏利文和他的合作者开始尝试利用快速傅立叶变换（fast fourier transform，FFT），更有效地分离这些鱼龙混杂的观测数据。FFT即离散傅立叶变换的快速算法，是一个复杂的数学计算过程，简而言之，这一算法可以将信号由时域空间变换到频域空间，从而提取信号的特征频谱。

这一系列操作下来，大家惊喜地发现，原本淹没在嘈杂背景中泯然众人的信号在变换到频域空间后，变得遗世而独立。

据此，奥苏利文团队进一步掌握了进行高效图像传输的方法，即将输出信号拆分成不同的频段，由接收器接收之后再逐一提取、重新组合。这套技术可以极大地规避传输过程中的各项干扰，提高传输效率，增强射电天文图像的清晰度。

同年，奥苏利文及其合作者总结了此番数据处理的技术心得，并发表在了《美国光学学会》杂志上，为后序成果埋下了伏笔。

然而，天不遂人愿，即便他们提升了图像清晰度，选取了包括球状星团、类星体在内的大量目标天体，但仍未能成功探测到任何一个来自迷你黑洞的射电暴。

此番经历，虽然促成了团队在《自然》发表一篇文章，却难免令人失望。但奥苏利文明白，这就是科研的常态，就如同薛定谔的猫一样，不到打开盒子的那一刻，谁知道自己辛苦耕耘的领域是颗粒无收还是硕果累累呢？

无心插柳之解锁 Wi-Fi

时光如水，岁月如梭。转眼间，10 多年过去了，人到中年的奥苏利文早已离开荷兰搬到了澳大利亚，供职于国家科学及工业研究机构（CSIRO），继续从事与射电设备的相关工作。

20 世纪 90 年代初期，随着个人电子计算机的普及，通信业巨头竞相在无线领域展开厮杀，试图寻找一种可靠、高效、价格低廉的无线通信技术，应用于个人电子设备。

无线通信，顾名思义就是利用电磁波信号的自由传播来进行信息交换的一种通信方式。虽然原理简单，但实现起来困难重重。如在室内环境，如何避免无线信号因遇障碍物不断反射出现的嘈杂混音从而提高传输效率，就是其中一个久久难以攻克的壁垒。

1992 年，奥苏利文组建了一个包括物理、数学、射电天文学等专家在内的跨学科研究团队，加入了无线混战。他发现，这个困扰整个通信业的室内信号反射问题与自己当年绞尽脑汁研究的霍金辐射有着相似之处——问题的核心都是如何抽丝拨茧，于嘈杂的环境中高效提取高保真信号。而解决这一问题的答案，自己在十几年前就总结发表了！

这也给广大科研工作者提了个醒，一定要多读书，广涉猎，可能你熬秃了头也没能琢磨明白的难题早囊括在别人的论文里了。这些通信巨头大概平时只专注于自己的领域，兴趣爱好不大广泛，生生错过了奥苏利文的这篇好文，才平白耽误了这么多年的时光。

时不我待，奥苏利文迅速带领团队，将当初自己处理黑洞辐射的数据分析技术改进后应用到计算机的网络传输上，利用无线电波实现了大数据的快速转换，并巧妙地解决了多路径无线电信号相互干扰的问题。这项新技术后来成了惠及千家万户的无线局域网—— Wi-Fi 的雏形。

我们现在耳熟能详的 Wi-Fi，可以将有线网络信号通过无线路由器转换成可以高效传输的无线信号，从而允许电子设备连接到无线局域网，且不受布线条件的限制。

目前，Wi-Fi 信号频率主要集中在 2.4 吉赫（12 厘米）和 5 吉赫（6 厘米）的超高频，信号发射功率较低，相对安全。其接收半径由数十米至数百米不等，覆盖范围广，传输速度快，已成为远超其他无线连接方式（如蓝牙技术）的首选通信手段。

所以，虽然奥苏利文最终也没能探听到来自宇宙深处的黑洞"呢喃"，但他因对无线电通信领域的贡献而荣耀加身，一举斩获了包括澳大利亚的国家最高科学奖和欧洲发明者大奖在内的众多奖项，他本人也被澳大利亚媒体称为"Wi-Fi 之父"，同时给他所在的天文台带来了数亿美元的专利费。

当然，简单地将奥苏利文等人归为 Wi-Fi 发明者并不全面，毕竟 Wi-Fi 诞生的背后绝非一人一朝一夕之功。但奥苏利文对于射电天文学以及无线通信贡献之深远不言而喻。

仰望星空与脚踏实地

李政道曾说：基础研究是水，应用研究是鱼。不能只想吃鱼，而忘了水的重要性。对于普罗大众来说，科学研究无外乎两种类型：理论型和应用型。近年来，应用型科研似乎更受青睐，因为脚踏实地、目标明确、收效显著。理论型研究，尤其是基础研究似乎被人们关注得甚少。

　　回溯到 1905 年，爱因斯坦石破天惊地提出狭义相对论，打破了时空永恒的惯常思维，提出的时空耦合（对于一个移动的物体，不仅质量会增加，时间也将延长）成为筑建 20 世纪理论物理的基石。

　　相信，包括爱因斯坦本人在内的众多理论物理学家不会想到，100 多年后，全球定位系统能够精准地进行定位的背后，相对论功不可没，而奥苏利文团队当年久寻迷你黑洞而不得，在万般苦闷之时，大概也没想到这套分析观测数据的方法有朝一日会成为破解 Wi-Fi 的密匙，写下改变人类通信方式的浓墨重彩的一笔。

　　所以，若在你仰望星空之时还有人疑惑地问你："研究这玩意能为现代化建设添砖加瓦吗？"你不妨告诉他奥苏利文的故事。

　　　　　　　　　［转载自中国科学院国家天文台公众号，略作修改］

作者：郑晓晨，2010 年毕业于华中师范大学，2010—2016 年于北京大学天文系攻读博士学位，现于清华大学天体物理中心工作。主要研究方向为行星形成和动力学演化。
毛淑德，清华大学教授兼国家天文台研究员，主要研究领域为星系动力学、引力透镜和系外行星搜寻。

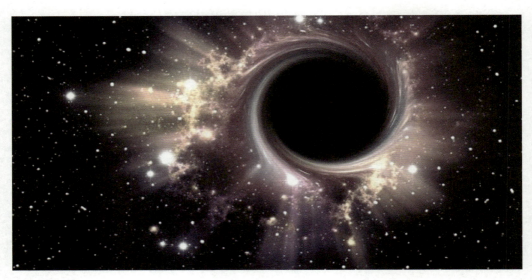

来源：ufoholic.com

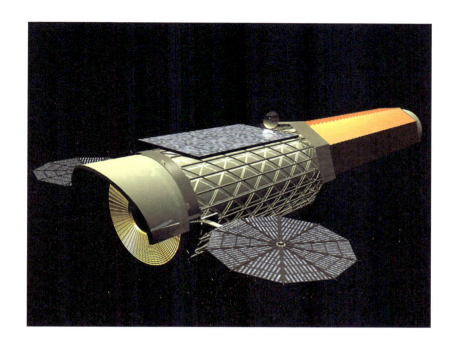

　　奇妙的自然界是科学家灵感的源泉。天文学家从龙虾眼球独特的结构中受到启发，设计了龙虾眼 X 射线光学组件。从而有了爱因斯坦探针科学观测计划。

图片来源：维基百科，https://upload.wikimedia.org/wikipedia/commons/2/22/IXOFlyby1Large.jpg

21
吃个龙虾也能搞出
X 射线望远镜

张 臣

　　深邃而宁静的星空在高能天体物理学家眼中，如梵高的名画《星夜》一般（图 1），躁动不安。

▲图 1　梵高的名画《星夜》
来源，维基百科，https://upload.wikimedia.org/wikipedia/commons/thumb/e/ea/Van_Gogh_-_Starry_Night_-_Google_Art_Project.jpg/1280px-Van_Gogh_-_Starry_Night_-_Google_Art_Project.jpg

奇妙的自然界是科学家灵感的源泉。天文学家看到龙虾眼球独特的结构，便从中受到启发设计了龙虾眼 X 射线光学组件。那龙虾眼有何奇妙之处呢？中国领先的利用"龙虾眼光学"的爱因斯坦探针，又是一个什么样的科学观测计划呢？下面，让我们一起来揭晓答案。

伦琴为自己夫人拍下那张著名的手的 X 射线照片（图 2）60 余年后，人类终于在卫星上装配了 X 射线探测设备，从而开始了利用一种新的波段观测宇宙的时代。在这些仪器的帮助下，我们看到一个动态万千、躁动不安，甚至堪称狂暴的宇宙。

在 X 射线波段（波长 0.01 ～ 10 纳米），大多数天体呈现复杂的亮度变化，时常会因倏然增亮而暴露于观测视野中，有些很快又会再次消隐不见。而一些原本在可见光波段暗弱到难以被探测的天体，在 X 射线波段却表现得异常明亮，黑洞就是一个典型代表，第一个黑洞候选体也是这样被发现的。

宇宙中很多剧烈爆发的现象都与黑洞有关，如被称为宇宙中最为剧烈的爆发现象——伽马射线暴（以下简称伽玛暴）。

伽玛暴通常被认为是在大质量恒星死亡（持续时标较长）或致密天体并合（持续时间较短）形成黑洞时产生的，而黑洞又会产生超亮的高能"手电筒"。它在爆发的瞬间，可将约一个太阳的质量转化成辐射能量，这

▼图 2　伦琴夫人的手（X 射线透视照片）
来源：维基百科，https://upload.wikimedia.org/wikipedia/commons/7/79/First_medical_X-ray_by_Wilhelm_R%C3%B6ntgen_of_his_wife_Anna_Bertha_Ludwig%27s_hand_-_18951222.jpg

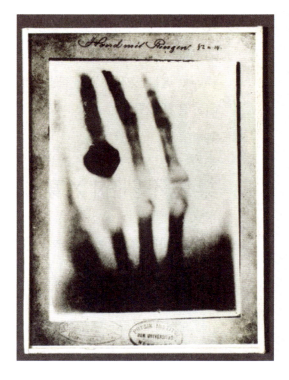

些能量巨大到上百亿光年外都能被观测到。

而另外一个炙手可热的研究领域——引力波天文学也与黑洞有关。2016年2月，美国自然基金委员会联合加州理工学院和麻省理工学院的科学家宣布，他们直接探测到了来自双黑洞合并的引力波，为我们打开了一扇新的观测宇宙的窗口。目前探测到的几例引力波事件大多没有看到相应的电磁辐射。

对于其他可能的引力波源来说，如双中子星并合，在产生强烈引力波的同时，还会产生很强的高能辐射（包括 X 射线），所以 X 射线的观测必然对于这些天体的后续研究有重要意义。2017年8月17日发现的GW170817事件，科学家们极其有幸的第一次看到了该事件对应的电磁辐射，获得了大量的成果，轰动一时，这也是截至2018年唯一一次的电磁对应体观测。科学家们迫切希望看到更多的类似事件。

然而，在宇宙中，不仅前面提及的几种现象会产生高能辐射，还有很多情形都有产生高能辐射的可能。丰富多彩、充满未知的 X 射线暂现源/爆发源，与我们通常所了解的物理环境相比，这些现象常产生于一些极端的物理环境中，如超高温、强磁场、强引力场、相对论性的高速物质运动等。而这些极端环境往往是地面实验室不可能有的，所以对于基础物理研究有着重要的意义。

桀骜不驯的 X 射线光子

在利用 X 射线揭示宇宙的动态变化方面，天文学家也受到了探测技术的限制，原因在于 X 射线光子能量非常高，很难被聚集起来。即便是最低能的 X 射线光子，携带的能量也是可见光光子能量的百倍。人眼可见的光子能量为 1.5 ~ 3 电子伏，对应的光谱波长为 780 ~ 380 纳米。而最"软"的 X 射线光子能量也超过了 100 电子伏。这些光子的穿透性极强，

很难像可见光一样被望远镜聚焦，对发出这些光子的天体进行
观测，自然也需要一些特殊的手段。

X 射线望远镜：直线光学和聚焦成像

为了确定 X 射线光子从天空中哪个位置而来（或者说哪
颗天体发出了 X 射线），通常采用的方法有两种：直线光学法
与聚焦成像法（能量更高的光子还有追踪光子与物质作用产生
的次级粒子径迹的方法）。直线光学法是利用光子沿直线传播
的原理，通过遮挡的方式调制仪器视场，从而获取光子的方
向矢量。这其中最简单的是准直器，它的原理如同我们小时
候玩的"纸筒看世界"的游戏。

纸筒会遮挡我们的大部分视场，只能看到纸筒指向的小
范围景物。也就是说，纸筒指向哪个方向，就只能看到对应方
向的光子。当然，天文学家用的"纸筒"都是用重金属做的，
精度和可靠性要求极高，价格与黄金相当。

我国发射的慧眼卫星就安装有准直器成像设备，以此来
观测 X 射线天体，这种方法是 X 射线天文中最早使用的探测
方式。这种方式的优势是仪器制造起来相对容易，但其空间定
位的精确度较差，所以目前更多的望远镜使用了精确度更高的
第二种方法——聚焦成像。

聚焦成像的方法是设法改变 X 射线光子的传播方向，使
其能像光学望远镜一样将光线汇聚起来，成为焦面上的一个小
光斑（图 3），不同方向的 X 射线光子（不同的天体）形成的

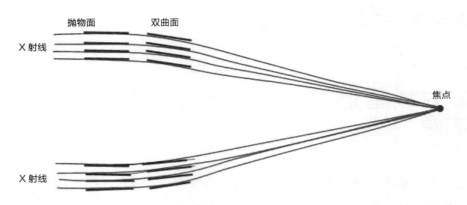

▲图3　经典的 Wolter-I 型 X 射线望远镜光路
X 射线在蓝色所示的镜片上发生了掠射而改变了方向汇聚到焦点
来源：NASA，https://asd.gsfc.nasa.gov/archive/ixo/images/science/XrayOPticsHXI.jpg

小光斑在焦面上的空间位置不同。常见的 X 射线聚焦利用的则是 X 射线的掠射原理，可简单理解为入射 X 射线的全反射。

　　目前常见的聚焦系统由一个双曲面和一个抛物面结合而成，X 射线经过两次全反射后被聚焦。对于掠射式 X 射线光学，入射光几乎平行于反射镜面，造成反射面的有效面积极低（正比于反射面在入射光方向的投影），这也是 X 射线天文探测技术中的最大障碍。为了提高掠射镜面的有效面积，一个 X 射线光学系统需要若干（几十到上百个，图 4）个嵌套的反射面。

　　为了提高 X 射线光子的聚焦度，反射面的表面必须非常光滑，目前的工艺水准可以将表面的起伏差限制在 0.5 纳米左右，仅相当于一个原子的直径，这也代表了人类光学加工的最高水平。

　　对于这两种 X 射线观测设备来说，仪器特性有着巨大差别。直线光学型设备适用的能量很广，价格也相对低廉，但在焦面上每个点的信号都是仪器视场内各个方向信号的叠加，想看的、不想看的光子都混杂在一起。再加上为追求光子收集能力，需要很大的焦平面，致使地球周围的荷电粒

子本底干扰也很大（荷电粒子能在探测器中产生类似光子的信
号，这是一种噪声干扰）。这就如同在工地上戴着耳机听歌，
恐怕只有雷鸣般的摇滚才能听得下去。

　　然而对于聚焦型设备，焦面上每个点仅收集一个方向
（可简单认为是一个天体）的光子信号，视场内的其他天体或
本底的干扰极小，如在一个极其安静的房间内听歌，丝丝齿音
皆清晰可辨。这也注定了聚焦型设备在观察弱源的能力（灵敏
度指标）上要高出同等规模的直线光学型设备一个数量级。

　　对于时域天文学家来说，一个监视型设备的视场越大越
好，因为视场越大，看到随机事件的可能性越大。然而，为了
看到比以往更弱的爆发现象，就需要使用聚焦成像的技术。这
简直是一个矛盾的组合：传统的聚焦 X 射线望远镜视场不超
过 1 平方度，而对于时域天体物理学家来说，他们对未来大
视场监视设备的需求是大于一个立体角（大致为 3600 平方
度）视场的 X 射线聚焦望远镜！

龙虾，我们走！天文学家需要你

　　如何解决这个矛盾的组合？科学家从龙虾眼球的结构中找到了灵感。

　　龙虾，甲壳纲十足目动物的杰出代表，也是吃货们心中的极品食材。它们特殊构造的眼球给了 X 射线天文学家一个启发：这类神奇动物的眼球利用了反射成像的原理（绝大部分动物包括人的视觉都是利用了折射成像的原理，龙虾却完全不同），它们的眼睛由大量的正交排布的、方孔形状的微型管道构成，管道壁光滑且指向同一球心。这样的结构使得各个方向的光线汇聚到它们凸起的球形视网膜上（图 5）。图 6 给出的是模拟的龙

◀图 5　龙虾及其眼睛的显微照片
来源：NASA，https://www.nasa.gov/images/content/650635main_lobster.jpg

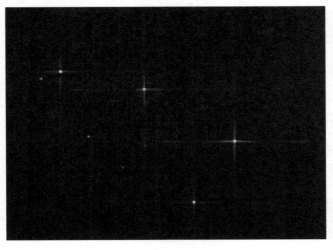

◀图 6 龙虾眼光学望远镜对某个天区（300 平方度）的模拟成像结果

虾眼 X 射线望远镜对于 X 射线天空成像的结果，实在很难想象龙虾眼中的世界是一个怎样光怪陆离的情形。

　　美国亚利桑那大学罗格安吉尔（Roger Angel）正是受到了迈克尔·兰德（Michael F. Land）关于甲壳纲十足目动物眼睛研究的启发，于 1979 年在其文章《龙虾眼作为 X 射线望远镜》中提出了一种 X 射线成像光学构型（optical configuration），其主要目的是制作理论上视场不受限制的 X 射线聚焦望远镜。利用正交排布的方形微管道及相互垂直的光滑内壁（光洁度均方根值优于 1 纳米）对 X 射线进行全反射（图 7）。

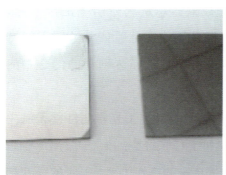

现代工艺制作的龙虾眼光学器件

龙虾眼器件的电子显微镜照片

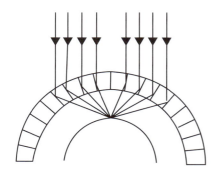

M.F. Land 在 1976 年为解释龙虾眼球成像而画的光路图

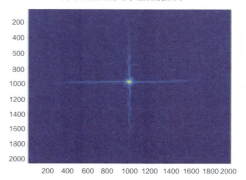

国家天文台 X 射线成像实验室测量得到的龙虾眼光学系统典型的成像光斑（PSF）

▲图 7　受龙虾眼启发的 X 射线成像光学构型

由于所有微管道指向同一个球心（微管道中心所在球面曲率半径为 R），当光子在一个微管道相互垂直的两组壁上发生反射时，就汇聚到焦面上的焦点及通过焦点的直线上，其成像（点扩展函数，Point Spreading Function）为十字形。这里需要指出的是龙虾眼光学系统的焦面是一个球面，曲率半径为 $R/2$。龙虾眼光学系统没有特定的光轴，视场可以覆盖全部立体角，这也是这种系统独一无二的特性，而广泛使用的轴对称 Wolter 型 X 射线望远镜视场很难超过 1 度。

当然，为了实现大的视场，龙虾眼望远镜在成像光路中使用了大量的几何光学近似，像差较大。在焦距 375 毫米的情况下，其极限分辨率接近 30 角秒。然而由于工艺的原因，目前最好的龙虾眼望远镜角分辨率约为 4 角分，远未接近理论极限，单从角分辨率指标来看，龙虾眼在所有 X 射线聚焦望远镜中算是差等生。尽管如此，对于时域天文学家来说，4 角分和理论不受限的视场，已经达到了他们心中的最低预期。

在提出龙虾眼光学设想后的很长一段时间，相关光学器件都无法生产，原因在于大规模（上百万）、高质量地制作长径比约为 50：1（中国 99 主战坦克那根直径 125 毫米，长超过 6 米的炮管为 51：1 的管状结构）、孔径几十微米的正方形管道结构无疑对微加工技术提出了巨大的挑战。在借鉴了用于微光夜视的微通道板（micro-channel plate，MCP）的玻璃拉丝工艺后，才逐渐研制出了微孔光学器件（micro-pore optics，MPO）。

目前典型的微孔光学器件尺寸为 40 毫米 × 40 毫米，厚度为 1 毫米，包含了上百万个边长 20 微米、长 1 毫米的微小方孔微通道结构（图 8）。一个完整的龙虾眼望远镜则由几十个，甚至上百个微孔光学器件拼接而成（图 9）。微孔光学器件微通道加工时的微小变形和统计特性误差是目前制约龙虾眼成像质量的主要因素。

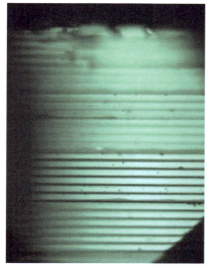

▲图 8 显微镜下的微孔光学器件的沿径 ▲图 9 龙虾眼望远镜镜头的一个组件，它也是龙虾眼
向剖面图 望远镜的核心

爱因斯坦探针——未来之星

高能时域天文学是天文学的一个重要分支，人类启动了大量的高能时域卫星项目用于探索宇宙的秘密。然而到目前为止，没有任何大视场的 X 射线监视设备能够跨越灵敏度的鸿沟，将视野真正拓展到银河系外。龙虾眼光学系统的大视场、高灵敏度特点也成为未来 X 射线时域天文望远镜的首选。

正是看到了龙虾眼望远镜的这个突出优点，国际上提出了若干项目试图在高能时域天文学的若干基本问题，如支配宇宙的基本规律和宇宙的起源上做出突破性进展。正在申请欧洲太空局的 M5 项目中的 THESEUS 卫星，以及提交美国航天局的 TAP 项目，都使用了大视场的龙虾眼望远镜。但由于种种原因，这些项目皆停留在论证阶段。令人高兴的是，这一次中国天文学家走在了世界的前面。中国科学院空间 A 类先导专项支持研制的一颗龙虾眼 X 射线天文卫星，在 2017 年年底正式立项，载荷的工程研制已经全面展开。该卫星被暂时命名为爱因斯坦探针（Einstein Probe，EP），一方面是向科学巨人致敬，因为爱因斯坦探针主要的科学目标中涉及的黑洞和引力波都是爱因斯坦相对论的预言；另一方面，它是预期中能够有效拓展科学家视野的革命性工具，这个名字寄寓着对其科学发现能力的巨大期望。

爱因斯坦探针的科学目标可以用一句话来总结：在尚未有效探索的软 X 射线波段，以国际上最高的探测灵敏度、在迄今监测范围最广的宇宙空间发现突变天体和监测天体的活动性，发现和探索各种尺度的、沉寂的黑洞，探测引力波源的电磁波对应体并精确定位。

此次，中国天文学家将有望在国际舞台上大显身手，我们也期待着一个激动人心的时代的到来。

参考文献

［1］ MILLER F P, Vandome A F, Mcbrewster J. Gamma-ray Burst［M］. Alphascript Publishing, 2010.

［2］ Królak A. First Observations of Gravitational Wave Signals［J］. Acta Physica Polonica B Proceedings Supplement, 2017, 10(2):355.

［3］ WEISSKOPF M C. Lobster Eyes As X-Ray Telescopes［J］. Astrophysical Journal, 1979, 233(1):364-373.

［4］ LAND M F. Animal Eyes with Mirror Optics［J］. Scientific American, 1978, 239(6):126-134.

［5］ ZHAO D, ZHANG C, YUAN W, et al. Ray tracing simulations for the wide-field x-ray telescope of the Einstein Probe mission based on Geant4 and

XRTG4〔C〕// Space Telescopes and Instrumentation 2014: Ultraviolet to Gamma Ray. International Society for Optics and Photonics, 2014.

〔6〕　YUAN WEIMIN, OSBORNE, JULIAN et al. ETAL. ExploringtheDynamicX-rayUniverse:ScientificOpportunitiesfortheEinsteinProbeMission〔J〕. 空间科学学报，2016，36(2):117-138.

〔转载自《知识分子》公众号（The-inteuectual），略作修改〕

作者：张臣，国家天文台研究员，中国科学院青年创新促进会优秀会员。主要从事空间 X 射线光学系统研制。

▲国家天文台明安图观测基地上空的流星雨
来源:《中国国家天文》供图（毛子卿 / 摄）

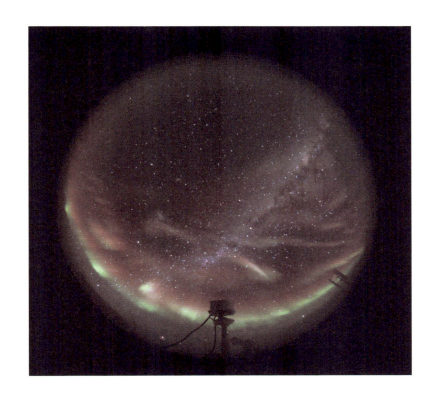

　　说到南极，大家最熟悉的就是企鹅。但是企鹅只能生活在沿海区域，而冰穹 A 地处南极内陆高原，寒冷干燥，冬季气温低至 –80℃，不适于任何生物生存。然而，也正是这样特殊的地理大气条件，给了天文研究独一无二的平台。

图题：国家天文台昆仑云量极光监测仪在南极昆仑站无人值守期间拍摄的极光
图片来源：国家天文台供图

22
在南极看星星

商朝晖　胡　义　马　斌

南极大陆幅员辽阔，南极高原的高地被称为冰穹（Dome）。其中最高的冰穹 A 海拔 4100 米（南纬 80 度 25 分 01 秒，东经 77 度 06 分 58 秒），下面冰层厚度就占了 3000 多米。2005 年 1 月，中国南极考察队率先登顶了冰穹 A，并继南极长城站和中山站之后，在 2008—2009 年建立了中国第三个南极科考站，这也是中国第一个南极内陆科考站——昆仑站。同时给中国天文带来了新的契机。（图 1～图 3）

▶图 1　冰穹 A（Dome A）的位置
来源：维基百科，https://upload.wikimedia.org/wikipedia/commons/thumb/c/c0/Antarctica.svg/907px–Antarctica.svg.png

▲图 2　科考队员在昆仑站前合影
（魏福海 / 摄）

▲图 3　昆仑站俯视图
（魏福海 / 摄）

为什么去南极看星星

　　说到南极，大家最熟悉的就是企鹅。但是企鹅只能生活在沿海区域，而冰穹 A 地处南极内陆高原，寒冷干燥，冬季气温低至 −80℃，不适于任何生物生存。然而，也正是这样特殊的地理大气条件，给了天文研究独一无二的平台。

　　第一，冰穹 A 没有大气污染，也没有光污染，看星星可以更加清楚。第二，冰穹 A 在冬季是极夜，可以连续数月不间断地进行观测，这对监测变化的天体非常重要，而且比利用不同经度上的多台望远镜接力观测的可靠性更高。第三，在可见光波段我们白天看不到星星，是因为天空背景太亮了，而在红外波段，环境温度越低，红外的天空背景就越暗，冰穹 A 的低温帮了红外观测的大忙。第四，天体发射的亚毫米波段的光子会被空气中的水汽吸收，而无法到达望远镜。冰穹 A 的大气极其干燥，使得这些光子可以穿透大气，在地面就能被接收到，而不必发射空间望远镜。第五，也是非常重要的一点，就是冰穹A的大气非常稳定，星星不会因为大气抖动而眨眼睛，所以照片不会变模糊。这在天文术语上称作视宁度好。在视宁度好的情况下，观测暗弱的天体效率特别高。在冰穹A，一台小口径的望远镜的观测能力，可以与其他地方的大口径的望远镜相媲美。

南极冰穹A的光学望远镜

自2008年起，中国天文学家就开始在冰穹A进行天文观测，先后安装和运行了两代光学望远镜。

第一代望远镜是中国小望远镜阵CSTAR。它包括4个14.5厘米口径的小望远镜，配备了不同颜色的滤光片，它站在雪地上和人一样高。CSTAR不会转动，但是它盯着南天极附近20平方度的天空，每年冬天连续监视几个月，把能看到的天体的所有变化都记录了下来。CSTAR虽然很小，但它获得的数据在国际上却是独一无二的（图4，图5）。

▶ 图4　正在安装
CSTAR 望远镜
（周旭／摄）

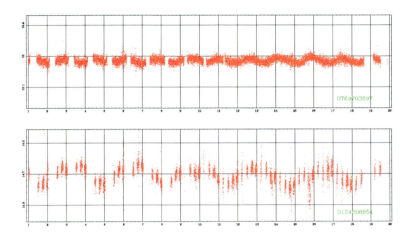

◀ 图 5 CSTAR 观测
的两个变星的光变曲线
（周旭提供）
光变曲线即天体亮度随
时间变化的曲线

　　第二代望远镜是南极巡天望远镜 AST3，计划由 3 台同样的望远镜同时进行观测。AST3 比 CSTAR 大很多，口径为 50 厘米，站起来有 4 米高。AST3 的视场有 4.3 平方度，一张照片可以装下 18 个月亮。虽然比 CSTAR 的视场小，但AST3 的观测比 CSTAR 更加精细，可以看到更暗的天体，并且 AST3 可以指向天空中的任何方向进行观测（图 6）。

▲图 6　昆仑站天文场地的两台 AST3 望远镜及其他设备（魏福海 / 摄）

利用冰穹 A 的观测条件，AST3 的主要研究是时域天文学，即研究各种天体随时间的变化。因此 AST3 需要对大面积的天区进行重复的观测。这里主要包括对超新星的搜寻和系外行星的发现。同时，重复观测的数据也可以发现和研究很多变化的天体，包括很多传统的变星和类星体。

AST3 虽然身躯比较庞大，但它运动灵活。天空上任何位置有突发事件，它都可以快速地指向，进行观测。这是 AST3 的一项保留功能，对突发的伽马射线暴、引力波电磁对应体等方面的研究都可以发挥作用。

望远镜的大脑

昆仑站目前还不是越冬站，冬季无人值守，因此，安装在冰穹 A 的望远镜必须能够全自动运行，而其中最为关键的一环就是作为望远镜大脑的计算机软件系统。AST3 的软件系统由运行控制系统、观测调度系统和数据实时处理系统三部分组成。

运行控制系统负责管理和运行 AST3 的所有设备，通过它，用户可以执行望远镜观测的所有操作，例如将望远镜指向观测目标、拍摄天文图像以及保存数据等。运控系统将这些操作有机地组合在一起，就实现了望远镜的全自动观测。

如果把自动望远镜比作一辆自动驾驶的汽车，由于冰穹 A 恶劣的环境，AST3 就是一辆在崎岖不平的山路上行驶的自动驾驶汽车。因此，相比于普通台站的自动望远镜的运控软件系统，在保障望远镜安全稳定运行的同时，还要应对在极端环境下发生的各种突发的软硬件故障，所以 AST3 的运控软件系统更加复杂。相应的，AST3 运控系统采用了服务器—客户端对话的设计模式。在 AST3 系统启动时，必要的服务器程序也会自动启动，并且长期运行。为了安全可靠，每个守护程序都只能操作单一种类设备。同时，用户想要操作某一设备时，如望远镜，不能直接向设备发送操作命令，而是需要调用客户端程序向对应的服务器程序发送命令。服务器端会检查用户发送过来的指令，保证指令正确，操作不会危害设备，也不会受到其他指令的干扰，这样就保证了系统的安全性和可靠性。

运控系统通过组合调用客户端程序完成望远镜的指向、CCD 相机拍照、数据存储等重复循环操作，实现望远镜的长期全自动运行。在正常情况下完全不需要进行干预。运控系统在执行每项操作之后都会检查操作执行的状态。如果操作执行失败，它会根据返回的信息，执行事先定义的故障自动恢复操作。遇到无法恢复的情况，它会触发报警，并将报警信息发送到相关人员的手机上，通知进行人为干预。这样就实现了望远镜在软硬件出现故障后都能够自如应对，就像是自动驾驶的汽车，即使遇到别的车辆闯红灯时也会自动避让，而不会造成事故。

望远镜的观测调度好比自动驾驶汽车的线路规划。观测调度系统会根据当前时间、望远镜当前位置、太阳和月亮的位置以及观测次数要求等信息，从计划观测的大量天区中实时选择下一次最佳的观测天区，并通知运控系统。与人工观测调度相比，自动的观测调度系统优化了望远镜的工作效率，既避免了把宝贵的观测时间浪费在望远镜的不合理指向过程中，又能够防止望远镜指向不安全的方向。

望远镜拍摄的图像要经过数据处理才能够得出科学结果。但是由于南极卫星通信带宽很窄，并且费用昂贵，无法把大量数据传回国内进行处理。为了尽早地进行科学研究，AST3 还具备实时处理数据的功能。望远镜拍摄完图像后，会将图像发送到实时数据处理系统。它会对每一幅图像进行测量，获得天体的亮度、位置等信息，并回传给国内，供后续天文研究使用（图 7）。

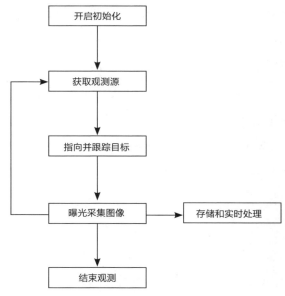

▲图 7　AST3 望远镜自动巡天基本流程

搜寻变化的天体

静谧的夜空中，繁星却不那么安静，时时在变化。有的位置会变，如小行星，有的小行星甚至可能撞向地球，带来巨大的威胁，需要人类提早发现。有的亮度会变，变亮、变暗，甚至是无中生有地突然爆发。像双星系统中两颗恒星互相绕着转，但由于太过遥远我们分辨不出两颗星，但是当一颗星周期性遮挡住另一颗时，我们看到的亮度就会周期性地变暗。同样的原理，如果一颗恒星有自己的行星，行星公转到我们眼前时遮住了一点母星的光芒，就会让这颗恒星看上去变暗，而变暗的幅度就是行星和母星的面积比，小到只有 1% 以下，甚至 1‰、1‱。除了这些微小的变化，宇宙中还有剧烈的爆发。超新星是恒星死亡时的爆炸，银河系内的超新星肉眼就可以看到，如宋代天文学家就记录了 1006 年和 1054 年的超新星爆发。而两颗中子星或黑洞并合更是会产生剧烈的伽马射线暴和引力波辐射。

与 AST3 类似，现在世界上有许多望远镜在对着夜空不断重复搜寻扫描，来寻找和研究变化的天体。为提高效率，搜寻的方法主要是利用图像相减，即对一个天区拍一幅图像，跟之前拍的图像（模板）相减，亮度不变的天体就会被完全消减，仅剩下有变化的，很容易识别。当然，实际操作要复杂得多，需要将两幅图像进行各种改正和对齐，包括位置对齐、亮度对齐和星像轮廓对齐后才能相减。而且相减后仍有大量假信号残余，这种假信号通常会占到 99.9% 以上。经过计算机的精细筛选后，还需要人工进行检查，才能确认真正变化的天体。AST3 在现场实时处理数据，仅将找到的变源候选体传回国内，并显示在网页上，供科研人员进行筛查和研究（图 8，图 9）。

特别是人类在 2017 年 8 月 17 日首次观测到了双中子星并合事件 GW170817，在引力波和电磁波上都观测到了该事件，开启了多信使天文学时代。AST3 也参与到对该信号的后随观测中，为研究其物理机制提供了重要数据（图 10）。

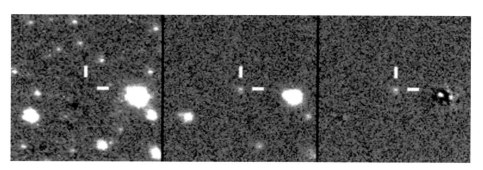

▲图 8　AST3 观测到的已知小行星
左图为模板，中间为新观测图像，右图为相减后的图像。中心是小行星，右侧是图像相减后的亮星残余，即假的变源

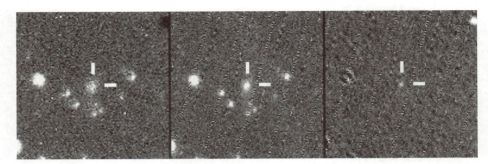

▲图9 AST3 发现的超新星 SN2017fbq

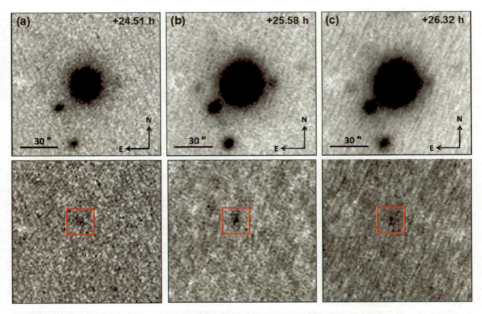

▲图10 AST3 在 2017 年 8 月 18 日观测的引力波事件光学信号
信号为红色方框内所标注，上图是观测图像，下图是与模板相减后的图像

作者：商朝晖，国家天文台研究员，南极天文研究团组首席科学家，博士生导师。中国第 35 次南
极科考昆仑站队长。
胡义，国家天文台南极天文研究团组成员，副研究员。
马斌，国家天文台南极天文研究团组成员，助理研究员。

　　提起古代的观象台，大家最熟知的也许是位于
北京建国门立交桥西南角的北京古观象台，此观象
台建于1442年，是明清两代的国家天文台。此外
还有两处观象台，分别是河南登封测景台（主要建
筑是元代天文学家郭守敬建造的四丈砖石高表测景
台）和河南洛阳东汉灵台。

图题：北京古观象台素描（马晓昆／绘）

23
最古老的天文台：陶寺观象台

赵永恒

　　提起古代的观象台，大家最熟知的也许是位于北京建国门立交桥西南角的北京古观象台（图 1），此观象台建于 1442 年，是明清两代的国家天文台。此外还有两处观象台，分别是河南登封测景台（主要建筑是元代

▲图 1　北京古观象台

天文学家郭守敬建造的四丈砖石高表测景台）和河南洛阳东汉灵台（相传东汉著名天文学家张衡在此工作过，现今仅存一座土台。大家可能有所耳闻，其建成时间比北京古观象台要早）。那么大家知道我国最古老的观象台是哪座吗？是距今约 2000 年的河南洛阳东汉灵台吗？

21 世纪初，考古学家在山西省陶寺镇发现了一处史前天文遗迹——陶寺观象台。据考证，其建造于前 2100 年左右，是我国最古老的天文台。陶寺观象台不仅能用于天文观测，还为"最早的中国"提供了佐证，它的发现具有十分重要的意义。

陶寺观象台的发现

想要了解陶寺观象台是如何被发现的，首先要了解一下陶寺遗址的发现历程。这是一个跨越近半个世纪的发掘，每次发掘都振奋人心，刷新着人们的认识。

山西省南部是中华民族最早的发祥地之一。20 世纪 50 年代，考古工作者在山西省临汾市襄汾县陶寺镇附近发现了距今 4000 多年的陶寺遗址（遗址东西长 2000 米，南北宽 1500 米，面积约 300 万米^2，大小约为现在一座小县城的面积），但当时人们怀疑它是夏朝早期的国都"夏墟"。1978 年，中国社会科学院考古研究所对陶寺遗址进行了第一次大规模发掘，发现的陶寺早期城址、宫殿区和核心建筑区显示出了当时的社会等级制度。考古人员利用 C^{14} 进行检测，确定陶寺文化分为早、中、晚三期，早期为前 2300—前 2100 年，中期在前2100—前2000年，晚期在前2000—前1900年。这时一些学者意识到，早于夏代的陶寺极有可能是著名的上古帝王——尧的国都。为了证实这一观点，考古工作队在这里持续工作了近20年。1984年，考古工作者在陶寺遗址中发现一片扁壶残片，残片断茬周围涂有红色，残片上朱书两个字，其中一字为"文"，另一字专家解读为"尧"。2001年进行了第二次发掘，考古工作人员发现了陶寺中期的大城遗址，发掘出了宫殿、王陵、宗庙、城墙等王都必备的要素。

我国古代文献中有很多关于尧都城的记载。东汉皇甫谧的一部专门讲述帝王世系、年代及事迹的史书——《帝王世纪》讲道：尧都平阳。而平阳就位于现在山西省临汾市西南。东汉历史学家班固的《汉书·地理志》提及：河东"本唐尧所居"。这些记载都说明当时的尧都位于临汾一带。此外，这座遗址附近的小镇名为陶寺，自然也会使人联想到尧的号是陶唐氏。因此，综合出土实物、文献记载以及年代测定进行分析，陶寺遗址便是英明神武的上古帝王——尧的国都了！

在中国古代，天文历法常常与宗教祭祀交织在一起，因此，自2003年起，考古工作者又重点发掘了祭祀区夯土建筑遗址。这座建筑基址是一座由夯土筑成的3层半圆形坛台，每层高20厘米，外圈半径25米，第二圈22米，内圈12米，面向东南方。在内圈台基平面上，筑有一排呈圆弧形排列的夯土墩，相邻夯土墩之间的狭缝宽度平均为15～20厘米。这些柱间狭缝呈正对圆心的放射状。考古学家立即意识到这些夯土墩可能是一组用于观测日出方位以定季节的建筑物的基础。观测系统由观测点、观测缝以及所对应的崇山（即塔尔山）上的日出点构成（图2）。

看到这里，各位读者可能会比较疑惑，太阳每天不都是从东方升起来吗？其实不然，由于我们身处北半球的中纬度地区，太阳并不是每天都从正东方升起又从正西方落下的。如图3所示，每年春分及秋分时，太阳从正东升起，自正西落下；从春分（约3月21日）到夏至（约6月22日）

▲图 2 复原的陶寺观象台遗址夜景（崔辰州 / 摄）

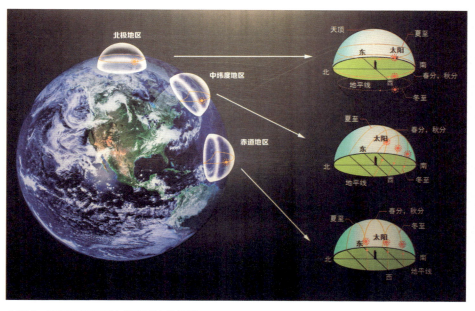

▲图 3 不同纬度地区太阳高度变化演示

再到秋分（约 9 月 23 日）这半年的时间里，每天太阳从东偏北升起，从西偏北落下，并且正午太阳高度比较高。而从秋分（约 9 月 23 日）到冬至（约 12 月 22 日）再到春分（约 3 月 21 日）这半年的时间里，每天太阳从东偏南升起，从西偏南落下，并且正午太阳高度比较低。因此，假如这确实是古人的观象台，那么古人站在观测点，通过观测缝，观测对面崇山上的日出，只有某一天可以看到太阳在狭缝中（因为狭缝很窄），在冬至时会看到太阳最靠南，在夏至时太阳最靠北，在春分及秋分时太阳在正东，这样便可以确定季节了。

为了证实这一猜测，考古队自 2003 年 12 月 22 日至 2005 年 12 月 23 日，进行了两年的实地模拟观测。初步观测证实，在冬至日出时太阳接近但不能进入 E_2 号缝，而几分钟后太阳进入 E_2 缝中时，已经高出东边的塔尔山。由于 4100 年前黄赤交角（太阳在天空中运行的黄道与天赤道的夹角，现为 23.5 度）比现今约大半度，计算表明那时冬至日出时应该在 E_2 缝中。夏至时的情况也与此相同。冬至和夏至的观测结果证明了夯土墩是为观测四季日出而建造的，其他各缝应该是指示当时历法的一些特征点，而 E_1 缝则与观测月亮有关。

2004 年 10 月 29 日，考古队将模拟观测的土台打掉，发现原来计算和摸索得到的理论模拟观测点的正下方竟然是一个核心直径为 25 厘米的四层圆形夯土基础，其中心点与此前采用的模拟观测点仅差 4 厘米。这一发现更证实了该遗址的天文观测功能。后经众多天文学家审读发掘报告并对实地进行勘探，确认了该遗址与观测日出确定季节有关。

陶寺观象台的功能与建造年代

据天文学家分析，陶寺观象台的功能主要包括日出测量、月出测量以及新年祭祀。古人通过 E_2 缝至 E_{12} 缝对日出进行测量，可以定岁首（确定一年的起始日期），定四季，定节气。当在 E_2 缝中看到太阳时，为冬至；在 E_7 缝中看到太阳时，为春分或秋分；在 E_{12} 缝中看到太阳时，为夏至。通过观测 E_1 缝和 E_{13} 缝可以对月出进行观测。冬至时，可站于 E_{11} 缝前朝向日出方向举行"迎日"祭祀活动。因此，这是一座集礼仪祭祀和观象授时为一体的建筑。中国古代的祭祀遗址，一般都带有天文历法功能，陶寺遗址反映得尤其明显（图 4）。

　　由于该观象台遗址位于内容丰富的陶寺遗址中，因此考古确定它所建的时代为陶寺文化中期，大约在前 2100 年，距今约 4100 年。通过天文学分析与计算，确定该观象台约建于前

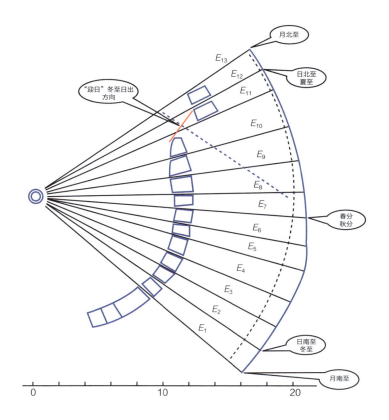

▲图 4　陶寺观象台功能示意图

2100 年，和考古学确定的年代相符。因此，陶寺观象台比中美洲的玛雅天文台遗址早近千年，比英国索尔兹伯里平原上的史前巨石阵观测台早近 500 年，是世界上最早的天文观象台！

陶寺圭表与最早的中国

历史上记载周公立表测晷影于阳城（图 5），历代重视，数千年不衰，圭表也称为中国古代重要的天文测量工具（图 6）。圭表由"圭"和"表"两部分组成的。"表"是直立在地面上的一根杆子或铜柱。同时，古人又在地面上水平放置一把尺子，用于测量影子到达正北方时候的长度，这把尺子叫做"圭"。圭与表相互垂直组成圭表。表的高度一般为八尺，圭则可以更短或更长，以能够测量夏至时的最短影长或冬至时的最长影长为限（图 7）。

▲图 5　位于登封告成镇的周公测景台（国家天文台供图，黎耕摄）

▲图6 位于北京古观象台的圭表

▲图7 圭表测影示意图（国家天文台供图，黎耕绘制）

　　其实在比周公时代更早的尧帝时期就已经在使用圭表了。2002 年在编号为 IIM22 的中期王墓出土了一件木杆，残长 171.8 厘米，上面涂有黑、绿和红色标记的漆，疑似测量太阳样子的圭尺（图 8）。然而圭尺与立表需要配套使用，才能组合成为测影的完整仪器，IIM22 中并未发现立表。不过在 1984 年发掘的早期王族墓地 M2200 中发现了一根红彩尖头木杆，考古学家认为其极有可能就是立表。那么为什么没有在一个墓室中同时发现表和圭呢？这或许是因为当时的君王与天文官分别掌管圭尺和立表。由于立表没有刻度，在测影工作中作用较小，于是由天文官掌管；圭尺因为有刻度而成为测影工作最重要的部分而由君王持有。

我们都知道，表的影子越长，表端的影子越虚。陶寺冬至正午晷影最长，200 厘米的立表，晷影长达 343.5 厘米，因此需要景符将表端的影子通过小孔成像，准确地标定在圭尺上。果然，在发现圭尺的 IIM22 墓室东南角壁龛内漆盒里，发现了玉琮游标和玉戚景符同另一件无柄玉戚共存。这一发现印证了该漆杆是测量日影的圭尺。

其实，陶寺遗址圭表测影不仅可以确定农时节令，更重要的是可以确定"地中"，进行大地测量。我们知道，不同纬度的夏至日影长度不同，这样便可以通过测量当地的夏至日影长度来确定所处的地理位置，帝王因此可以得知其统治区域，还可用于土地分封。

以前我们认为"中国"的"中"可能是中庸的意思，如《论语·尧

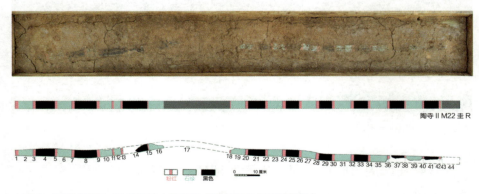

▲ 图 8　陶寺 IIM22:43 漆杆出土示意图（国家天文台黎耕供图）

曰》："天之历数在尔躬，允执其中；四海困穷，天禄永终。"
而现在看来应当是圭尺的意思，是说天时和历法必须由你
（舜）亲自掌握，你要好好地把握住手中圭尺。因此，一些学
者认为"中国"最初的含义是在由圭表测定的地中所建之都、
所立之国。

《尚书》是中国学者研究三代以前及之后政治发展进程
的经典，《尧典》是其首篇，内容涉及尧时期的政治体制、政
治思想以及社会制度等。著名天文学史家江晓原教授曾指出，
《尚书·尧典》记载尧的为政共 225 字，关于"天学事务"的
竟有 172 字，占 76%，"一篇《尧典》，给人的印象似乎是：
帝尧的政绩，最主要、最突出的就是他安排天学事务"。

陶寺天文台与陶寺圭表的发现对证实中国天文学在上古
时期就达到了相当高的水平提供了重要的历史实物佐证。明
代大思想家顾炎武曾说："三代以上，人人皆知天文。'七月流
火'，农夫之辞也；'三星在天'，妇人之语也；'月离于毕'，
戍卒之作也；'龙尾伏辰'，儿童之谣也。后世文人学士，有问
之而茫然不知者矣。"对于我们这些身处科技高度发达的 21
世纪的"文人学士"来说，是否也有问之而茫然不知者呢？

作者：赵永恒，国家天文台研究员，承担国家重大科学工程郭守敬望远镜
（LAMOST）的建设与运行工作。主要从事高能天体物理、天文信息技术和天文年
代学等方面的研究。

▲国家天文台天文观测设施
来源:《中国国家天文》供图（王晨／绘）